工业和信息化
精品系列教材

PHP
程序设计

项目式 | 微课版

李文蕙 刘嵩 / 主编

江骏 孙琳 汪晓青 / 副主编

罗保山 / 主审

P HP
Programming

人民邮电出版社
北 京

图书在版编目（CIP）数据

PHP 程序设计 : 项目式 : 微课版 / 李文蕙，刘嵩主编. -- 北京 : 人民邮电出版社，2025. -- （工业和信息化精品系列教材）. -- ISBN 978-7-115-65979-8

Ⅰ．TP312.8

中国国家版本馆 CIP 数据核字第 2024VZ7499 号

内 容 提 要

本书系统地介绍了 PHP 程序设计的基础知识、核心概念、高级应用以及实际项目开发。本书共 7 个项目，包括 PHP 概述、PHP 语言基础、PHP 目录与文件操作、PHP 面向对象编程、PHP 页面交互、PHP 操作数据库、综合案例——中国文化墙的设计与实现等内容。本书结合我国文化元素和实际案例，通过项目实践的方式，强化内容的实用性和可操作性。这些案例不仅可以帮助读者巩固理论知识，还可以培养读者解决实际问题的能力。

本书既可作为高等职业院校相关专业 PHP 程序设计课程的教材，也适合作为 PHP 爱好者以及自学者的参考书。

◆ 主　　编　李文蕙　刘　嵩

　　副主编　江　骏　孙　琳　汪晓青

　　责任编辑　王照玉

　　责任印制　王　郁　焦志炜

◆ 人民邮电出版社出版发行　　北京市丰台区成寿寺路 11 号

　　邮编　100164　电子邮件　315@ptpress.com.cn

　　网址　https://www.ptpress.com.cn

　　天津千鹤文化传播有限公司印刷

◆ 开本：787×1092　1/16

　　印张：14.25　　　　　　　　　2025 年 2 月第 1 版

　　字数：426 千字　　　　　　　2025 年 2 月天津第 1 次印刷

定价：59.80 元

读者服务热线：(010)81055256　印装质量热线：(010)81055316

反盗版热线：(010)81055315

前　言

在这个信息技术迅猛发展的时代，互联网已经成为我们生活中不可或缺的一部分。而作为构建互联网世界的基石之一，PHP 以卓越的性能、简洁的语法和强大的功能，成为众多开发者的首选语言。本书旨在为广大 PHP 学习者和爱好者提供一个全面、系统的学习平台，帮助大家掌握 PHP 编程的核心技能，进而在 Web 开发领域大展宏图。

在编写本书的过程中，编者充分考虑高职院校的特点和教学需求，力求将理论与实践相结合，使读者在学习的过程中既能理解 PHP 的原理，又能通过实际案例来巩固所学知识。本书从 PHP 的基础知识讲起，逐步深入到高级主题，如面向对象编程、操作数据库等，力求覆盖 PHP 开发中的多个方面。本书的内容安排如下。

项目 1 介绍 PHP 运行环境搭建和 PHP 脚本的运行，帮助读者为后续的学习打下坚实的基础。

项目 2 讲解 PHP 的基础知识、数据类型、变量与常量、运算符与流程控制语句、命名空间与文件引入、函数等，帮助读者构建扎实的编程基础。

项目 3 探讨 PHP 目录与文件操作，帮助读者进一步提升编程能力。

项目 4 介绍 PHP 面向对象编程，包括类与对象、面向对象的基本特性、面向对象的其他特性等，帮助读者掌握更高级的编程技巧。

项目 5 介绍 PHP 基本页面交互、会话机制等。

项目 6 讲解 PHP 操作数据库，包括使用 mysqli 扩展访问数据库与解析结果集、使用 PDO 扩展访问数据库、预处理语句等。

项目 7 提供一个综合案例——中国文化墙的设计与实现，通过项目实践帮助读者综合运用所学知识，提升实际开发能力。

本书在案例设计上融入文化元素，帮助读者在学习技术的同时增加对中华优秀传统文化的认识，提升民族自豪感和文化自信。

本书由李文蕙、刘嵩任主编，江骏、孙琳、汪晓青任副主编，杨瑾参与编写工作，罗保山任主审。在编写本书的过程中，编者得到了许多人的帮助和支持。在此，编者要特别感谢参与编写、审校和提供反馈建议的各位专家和同事，他们的宝贵建议使得本书更加完善和实用。

希望本书能够成为读者学习 PHP 的良师益友，帮助大家在 Web 开发的道路上不断进步。同时，编者期待读者提供宝贵意见和建议，以便改进和完善内容。让我们一起在 PHP 的世界里探索和成长，创造更加精彩的互联网未来。本书的相关电子资源可以通过人邮教育社区（www.ryjiaoyu.com）下载。

编　者

2024 年 11 月

目　录

项目 1

项目 2

项目 3

PHP 目录与文件操作 ·· 97

项目 4

PHP 面向对象编程 ························· 113

项目 5

PHP 页面交互 ·· 143

项目 6

PHP 操作数据库 ····································· 163

项目 7

综合案例——中国文化墙的设计与实现 ···································· 194

项目1
PHP概述

01

【知识目标】

- 理解静态网页和动态网页两种技术的区别。
- 理解PHP运行环境构成。
- 理解PHP运行原理。
- 理解URL的组成。

【能力目标】

- 能够手动搭建WAMP运行环境。
- 能够使用XAMPP搭建运行环境。
- 能够使用Visual Studio Code编写并运行PHP脚本。
- 能够配置虚拟主机。

【素质目标】

- 培养软件版权意识，尊重知识产权。
- 培养团队合作意识，提升沟通能力。

情境引入　认识动态网页

静态网页的起源可以追溯到互联网的早期阶段，静态网页不需要服务器端脚本语言支持，不涉及数据库等复杂技术的运用。这些页面主要使用超文本标记语言（Hypertext Markup Language，HTML）和串联样式表（Cascading Style Sheet，CSS）语言编写，只包含简单的文本和图片，无法实现复杂的交互和动态内容更新。

随着互联网的迅猛发展，静态网页逐渐无法满足用户的交互需求。21世纪初，动态网页技术开始流行。动态网页最初采用公共网关接口（Common Gateway Interface，CGI）技术，可以通过调用执行程序生成动态内容，后来发展出活动服务器页面（Active Server Pages，ASP）、Java服务器页面（Java Server Pages，JSP）、页面超文本预处理器（Page Hypertext Preprocessor，PHP）等服务器端脚本语言。动态网页通常会在服务器端访问数据库来进行动态数据的增、删、改、查操作。

根据2023年9月W3Techs关于服务器端脚本语言占有率的调查数据，全世界范围内有接近76.9%

的动态网站在使用PHP语言，如图1-1所示。

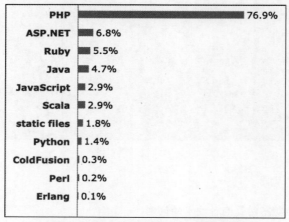

图 1-1 服务器端脚本语言占有率调查数据

静态网页和动态网页在请求执行时有显著的区别。

当用户请求静态网页时，通常响应速度非常快。服务器在接收到请求后，只需查找和发送相应的静态HTML文件，不需要执行复杂的服务器端逻辑或与数据库进行交互。相应的HTML文件在服务器端和用户端之间没有任何变化，它是静态的，不依赖于用户的请求。

当用户请求动态网页时，服务器在接收到请求后，需要执行服务器端程序，这些程序可能会涉及数据库查询、数据处理、业务逻辑等操作。服务器动态生成HTML响应，然后将其发送给用户。

任务 1.1 PHP 运行环境搭建

📖 相关知识

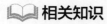

1.1.1 PHP 简介

PHP 原指 Personal Home Page，意思是每个人都可以用它来轻松编写个人主页，形容 PHP 功能强大、语法简单、容易学习。后来，PHP 指 Page Hypertext Preprocessor，是一种被广泛使用的服务器端脚本语言，具有以下特点。

PHP 是一种开源语言，使用 PHP 开发商业项目无须付费。

PHP 是一种跨平台语言，在不同平台下安装各自对应的 PHP 解析器程序，PHP 代码可以在不同平台运行。

PHP 是一种解析型语言，执行 PHP 代码前不需要进行编译。

PHP 是一种脚本语言，可以被嵌入 HTML 页面，非常适合用来开发动态页面。

PHP 是一种运行在服务器端的语言，PHP 代码执行后向客户端返回 HTML 代码，客户端无法知道 PHP 源代码是什么。

PHP 是一种强大的 CGI 脚本语言，其网页执行速度比 ASP、JSP 等更快，占用的系统资源更少。

PHP 是一种面向对象的语言，具有面向对象的特性。

对于开源软件，其源代码是公开的，任何人都可以查看、使用、修改和分发。开源软件通常使用开源许可证来规定其使用条件，这些开源许可证确保了开源软件的自由性和共享性，允许其他人使用和修改软件。对于非开源软件，其源代码通常是私有的，只有软件的开发者或拥有者可以查看和修改。总的来说，开源软件鼓励共享和合作，而非开源软件更加注重知识产权的保护和商业利益的追求。

1.1.2 PHP 运行环境介绍

Apache+MySQL+PHP 是一种常用的 Web 开发环境组合（简称 AMP 环境，如果用 NGINX 替换 Apache，就称为 NMP 环境），适用于开发和测试 PHP 应用程序。以下是 AMP 环境的主要组件和功能。

Apache 是一种流行的开源 Web 服务器，用于处理超文本传送协议（Hypertext Transfer Protocol，HTTP）请求和响应。它在本地运行 Web 服务器，用来监听来自客户端的 Web 请求，并返回结果。

MySQL 是一种流行的关系数据库管理系统，用于存储和检索数据。在 AMP 环境中，MySQL 用于创建和管理数据库，以便 PHP 应用程序与数据库进行交互。

PHP 能够与 Apache 和 MySQL 集成，从数据库中检索数据并将其呈现为 Web 页面。

通常，Windows 操作系统下的 PHP 运行环境称为 WAMP 环境。下面是 WAMP 环境的安装与配置过程。

1. Apache 安装

（1）下载 Apache。

可以在 Apache 官网下载最新版本的 Apache，下载时注意选择适合自己操作系统的压缩包。

（2）解压缩、安装。

将下载的 Apache 压缩包解压缩到一个目录，如 C:/mywamp/Apache24。解压缩出来的 Apache 目录结构如图 1-2 所示。其中，bin 子目录下存放可执行文件，conf 子目录下存放 Apache 的配置文件，htdocs 子目录是默认的网站文档根目录。

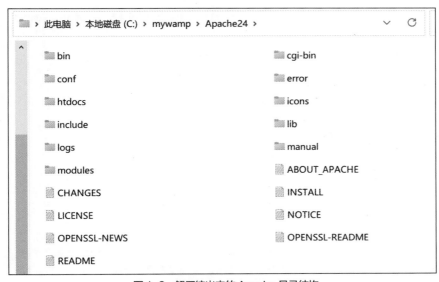

PHP 运行环境介绍

图 1-2　解压缩出来的 Apache 目录结构

（3）配置 Apache。

Apache 的配置文件是 httpd.conf，在 conf 子目录下。打开文件，找到 Define SRVROOT 这一行，该行用于定义变量 SRVROOT，在当前文件中多处通过${SRVROOT}对变量 SRVROOT 进行访问，将值修改为实际的解压缩路径，例如 C:/mywamp/Apache24，如图 1-3 所示。

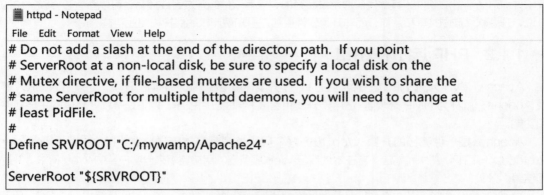

图 1-3　SRVROOT 配置

（4）启动 Apache。

切换目录到 Apache 的 bin 目录，以管理员身份执行 ApacheMonitor.exe，在 Windows 系统托盘中会出现一个小图标。单击 ApacheMonitor 图标，可以选择 Start（启动）、Stop（停止）或 Restart（重新启动）Apache 服务器，如图 1-4 所示。ApacheMonitor 中如果没有可用服务，则可以通过命令行工具在 bin 目录下运行 .\httpd −k install −n Apache2.4 命令进行安装。

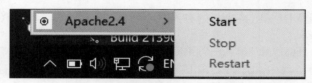

图 1-4　单击 ApacheMonitor 图标

启动 Apache 服务器后，在浏览器地址栏输入 http://127.0.0.1 并按 Enter 键，如果出现 Apache 测试页面，则表示安装成功，如图 1-5 所示。

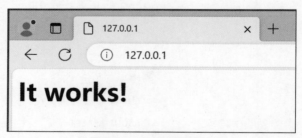

图 1-5　Apache 测试页面

2. PHP 安装

（1）下载 PHP。

访问 PHP 官方网站，选择需要的 PHP 版本。通常，x64 版本适用于 64 位 Windows 操作系统、x86 版本适用于 32 位 Windows 操作系统，可根据自己的操作系统选择合适的版本。

（2）解压缩、安装。

将下载的 PHP 压缩包解压缩到一个目录，如 C:/mywamp/php。解压缩出来的 PHP 目录结构如图 1-6 所示。其中，php7apache2_4.dll 用于将 PHP 集成到 Apache 上，它允许 Apache 和 PHP 进行通信和协作，以便在 Apache 服务器上运行 PHP 脚本。

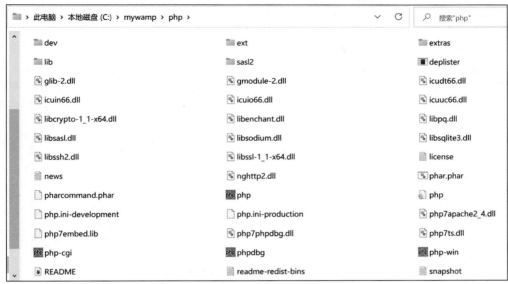

图 1-6　PHP 目录结构

（3）配置 PHP。

找到 php.ini-development 文件，将其另存为 php.ini。打开文件，找到 extension_dir 配置项，该配置项用于指定 PHP 扩展库的目录，将值修改为 PHP 目录结构下的 ext 子目录，如 C:/mywamp/php/ext，注意删除对应行开头的分号，如图 1-7 所示。

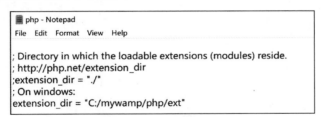

图 1-7　PHP 扩展库目录配置

php.ini 是 PHP 的配置文件，以下是一些常用的配置选项：date.timezone，用于设置时区；error_reporting，用于设置错误报告级别；display_errors，用于控制是否在浏览器中显示 PHP 错误；upload_max_filesize，用于设置文件上传最大的大小。

（4）配置 Apache。

在 Apache 的配置文件中，需要添加一些指令来加载 PHP 模块，以使 Apache 能够处理 PHP 类型的文件请求。在 Apache 的 httpd.conf 配置文件中加入下面的内容，修改完成后需要重新启动 Apache 服务器使配置生效。

```
LoadModule  php7_module  "C:/path/to/php7apache2_4.dll"
AddHandler  application/x-httpd-php  .php
PHPIniDir  "C:/mywamp/php/php.ini"
```

LoadModule 指令用于加载 PHP 模块，AddHandler 指令用于关联扩展名为.php 的文件与 PHP 解析器，PHPIniDir 指令用于指定 PHP 配置文件的位置。

3. MySQL 安装

（1）下载 MySQL。

访问 MySQL 官网，下载合适版本的 MySQL。需要注意，MySQL 下载文件分为安装版和压缩版，不同版本的 MySQL 的安装和配置过程会有所不同。这里以 MySQL 5.5 压缩版为例进行讲解，其他版本的安装请阅读相关的 MySQL 资料。

（2）解压缩、安装。

将下载的 MySQL 压缩包解压缩到一个目录，如 C:/mywamp/mysql。解压缩出来的 MySQL 目录结构如图 1-8 所示。bin 子目录下存放着可执行文件，其中，mysql.exe 是一个用于与 MySQL 服务器进行交互的客户端命令行工具；mysqld.exe 是 MySQL 服务器的主要执行文件，负责管理和提供数据库服务。

图 1-8　解压缩出来的 MySQL 目录结构

（3）配置 MySQL。

MySQL 的安装目录下有几个名字类似的 my-xxx.ini 文件，这几个文件是 MySQL 针对不同规模应用的配置信息，这些配置只有放到 my.ini 中才会被应用。这里将 my-medium.ini 文件另存为 my.ini。

MySQL 服务的默认监听端口是 3306，如果当前计算机上有别的程序或者其他版本的 MySQL 占用了 3306 端口，则可以通过修改 my.ini 中的 port 配置项来改变当前 MySQL 的监听端口，MySQL 端口配置如图 1-9 所示。需要注意，[client]后的 port 是 mysql.exe 命令连接数据库的端口，[mysqld]后的 port 是 mysqld.exe 命令（即数据库服务）的监听端口。

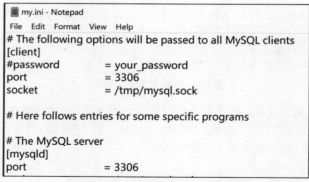

图 1-9　MySQL 端口配置

（4）运行 MySQL。

以管理员身份运行命令行工具，执行以下命令。

```
cd C:\mywamp\mysql\bin
mysqld -install mysql
```

在上述命令中，mysqld 命令的-install 参数表示将 MySQL 安装成系统服务，后面的 mysql 是系统服务的名字，如果该服务名已存在则可以自行修改。

服务安装成功后可以通过下面的命令启动或者停止名为 mysql 的服务。

```
net start mysql
net stop mysql
```

正确启动 MySQL 服务后，本机就是一台 MySQL 服务器，可以测试数据库运行状态。以管理员身份运行命令行工具，切换到 C:/mywamp/mysql/bin 目录，然后执行下面的命令。

```
mysql -u root
```

上述命令表示以 root 账号连接 MySQL 数据库，由于没有配置密码，因此命令使用空密码进行连接，连接成功后可以看到 MySQL 数据库信息，如图 1-10 所示。

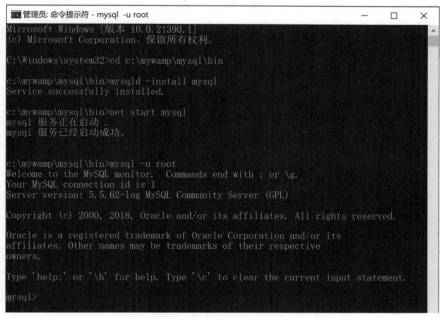

图 1-10　通过命令行工具连接 MySQL 数据库

将 MySQL 安装成系统服务后，如果需要卸载，则以管理员身份运行命令行工具。切换到 C:/mywamp/mysql/bin 目录，使用下面的命令卸载名为 mysql 的服务。

```
net stop mysql
mysqld -remove mysql
```

在上述命令中，net stop 命令表示停止系统服务，后面的 mysql 是系统服务的名字。mysqld 命令的-remove 参数表示卸载 MySQL 系统服务，后面的 mysql 是系统服务的名字，卸载名为 mysql 的 MySQL 系统服务如图 1-11 所示。这两个命令后面的系统服务名需要和安装 MySQL 系统服务时提供的系统服务名相同。

图 1-11　卸载名为 mysql 的 MySQL 系统服务

1.1.3 常见的 PHP 运行环境集成软件

PHP 作为服务器端脚本程序运行时，一般需要安装 Apache 服务器程序、MySQL 数据库程序和 PHP 解析器程序。这些程序需要分别下载、安装并进行相关配置才能正常使用，过程相当烦琐。目前市面上有很多 PHP 运行环境集成软件，它们将上述程序打包整合在一起。使用这些集成软件，可以降低入门学习的难度。

PHP 运行环境集成软件的主要作用是提供一个方便的方式来一次性安装 PHP 环境以及相关的组件和扩展。使用集成软件可以避免手动配置参数、设置路径等烦琐的工作。大多数集成软件安装包都有图形或命令行的安装程序，可以自动配置好环境，使用起来非常方便。下面介绍几种常用的 PHP 运行环境集成软件。

1. XAMPP

XAMPP 是一款免费的、易于安装的集成软件，包含 MariaDB（由开源社区维护的 MySQL 开源分支）、PHP 和 Perl，可帮助开发人员设置具有所有必要工具的本地服务器以进行 Web 开发。

2. PHPStudy

PHPStudy 集安全、高效、功能性于一体，运维效率高，支持一键安装 LAMP（Linux+Apache+MySQL+PHP）、LNMP（Linux+NGINX+MySQL+PHP）、集群、监控网站、文件传输协议（File Transfer Protocol，FTP）服务、数据库服务、Java 环境等 100 多项服务器管理功能。

3. 宝塔面板

宝塔面板是一款服务器管理软件，支持 Windows 和 Linux 操作系统，它拥有可视化文件管理器、可视化软件管理器、可视化监控图表、计划任务等功能，可以通过 Web 端轻松管理服务器，提升运维效率。

4. PHPEnv

PHPEnv 是运行在 Windows 操作系统上的 PHP 集成环境，集成了 Apache、NGINX 等 Web 组件，内置 Redis、Composer 等常用软件，支持不同 PHP 版本共存，支持自定义 PHP 版本、自定义 MySQL 版本等实用功能。

上述 4 款集成软件各有特点，初学者掌握 XAMPP 即可，在理解 Web 服务器、MySQL 服务器、虚拟主机等概念以及相关配置后可以尝试使用其他软件。

 **任务实践**

1.1.4 通过 XAMPP 搭建 PHP 运行环境

1. 下载和安装 XAMPP

访问 XAMPP 官方网站，下载适用于 Windows 的 XAMPP 安装程序。运行 XAMPP 安装程序，Windows 操作系统如果开启了用户账户控制（User Account Control，UAC），则会弹出 UAC 警告，如图 1-12 所示。

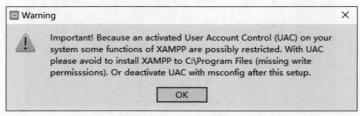

图 1-12　UAC 警告

使用默认设置进行安装，XAMPP 将被安装到 C:/xampp 目录下。如果在运行 XAMPP 安装文件时弹出 UAC 警告，那么安装后需要设置 XAMPP 安装程序的运行权限。找到 C:/xampp/xampp-control.exe，右击该文件，在弹出的菜单中选择"属性"，在打开的"xampp-control.exe 属性"对话框中，勾选"以管理员身份运行此程序"复选框并单击"确定"按钮，如图 1-13 所示。

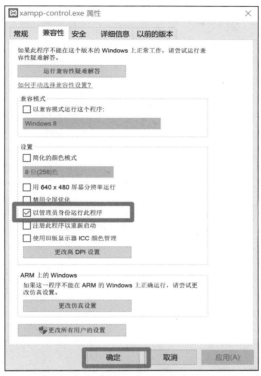

图 1-13　修改 XAMPP 的运行权限

2. 启动 XAMPP

安装完成后，可以在"开始"菜单中通过选择 XAMPP 目录下的 xampp-control 快捷方式，或者通过运行安装目录下的 xampp-control.exe 来启动 XAMPP 控制面板，XAMPP 控制面板如图 1-14 所示。

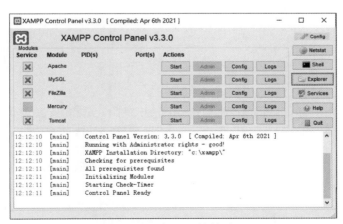

图 1-14　XAMPP 控制面板

单击 XAMPP 控制面板右侧的"Explorer"按钮，会打开 XAMPP 的安装目录，其目录结构如图 1-15 所示，其中，htdocs 子目录是 XAMPP 集成环境下网站文档的根目录。

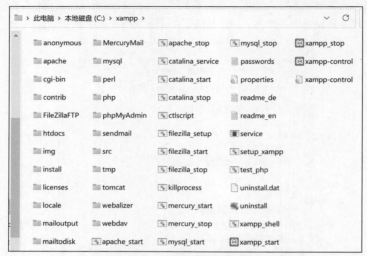

图 1-15　XAMPP 目录结构

3. 启动 Apache 和 MySQL

在 XAMPP 控制面板中找到 Apache 和 MySQL，并分别单击它们的"Start"按钮以启动这两个服务。如果成功启动，则相应的模块会显示绿色的运行指示灯，并且 Port(s)下面会出现对应的端口号，如图 1-16 所示。

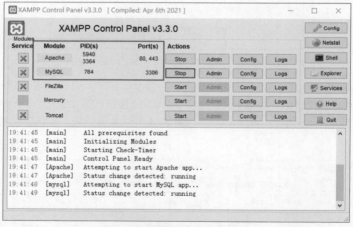

图 1-16　通过 XAMPP 启动服务

如果启动失败，一般可能的原因是其他程序占用了相关端口，如之前安装过其他的 MySQL 占用了 3306 端口、有其他的软件占用了 80 或 443 端口。解决方案就是找到冲突软件，停止它们的后台服务，再启动 XAMPP 中的 Apache、MySQL，或者修改 XAMPP 中 Apache、MySQL 的监听端口再启动。如果采用修改监听端口的方式，则需要在使用相关服务的时候加上修改后的端口号。

4. 测试运行

单击 Apache 对应的"Admin"按钮，浏览器会打开 XAMPP 的欢迎页面，如图 1-17 所示。测试成功后，建议删除 htdocs 目录里面所有的内容，只保留空的 htdocs 目录备用。

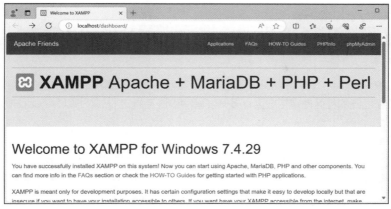

图 1-17　XAMPP 的欢迎页面

单击 MySQL 对应的"Admin"按钮，浏览器会打开 phpMyAdmin 的首页，如图 1-18 所示。phpMyAdmin 是一个用于管理 MySQL 数据库的开源 Web 应用程序。它提供了一个基于 Web 的图形用户界面，允许用户执行各种数据库管理任务，如操作数据库、数据表和字段，执行 SQL（Structure Query Language，结构查询语言）查询，导入和导出数据，以及管理数据库用户权限等。

图 1-18　phpMyAdmin 的首页

任务 1.2　运行 PHP 脚本

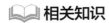 相关知识

1.2.1　PHP 常用开发工具

PHP 作为一门广泛使用的服务器端脚本语言，拥有众多专为开发者设计的开发工具，以提升代码编写、调试、测试、部署和项目管理的效率。以下是一些常用的 PHP 开发工具。

PHPStorm：由 JetBrains 公司开发的专业 PHP 开发工具，提供智能代码补全、语法高亮、代码导航、重构、调试、版本控制集成、单元测试、数据库管理、远程部署等功能，深受广大 PHP 开发者喜爱。

　　HBuilderX：由 DCloud 公司开发的一款轻量级但功能强大的开发工具，它支持 HTML、CSS、JavaScript 等前端技术，并且集成了多种开发环境和工具，可以通过插件市场安装 PHP 语法提示插件以支持 PHP 开发。

　　Visual Studio Code：一个免费、开源的代码编辑器，适用于多种编程语言和开发环境，它的强大的扩展生态系统和活跃的社区使得它成为许多开发者的首选工具之一。本书以 Visual Studio Code 为例讲解 PHP 的开发。

1. 安装 Visual Studio Code

　　访问 Visual Studio Code 的官方网站，下载安装程序。双击安装程序启动安装向导，按照安装向导的提示选择安装位置和设置其他选项。安装向导运行到"选择附加任务"界面时，建议勾选全部选项，如图 1-19 所示。

PHP 常用开发工具

图 1-19　"选择附加任务"界面

2. 安装扩展

　　启动 Visual Studio Code，单击左侧导航栏中的"Extensions"按钮，在搜索框中输入"PHP"，在下面的扩展列表中找到"PHP Intelephense"扩展，单击对应的"Install"按钮完成扩展安装，如图 1-20 所示。

图 1-20　安装 Visual Studio Code 扩展

1.2.2　PHP 脚本运行方式

PHP 脚本能以多种方式运行，以下是几种常见的 PHP 脚本运行方式。

1. 命令行

在命令行中运行独立的 PHP 脚本，适用于定期任务和脚本测试。

2. CGI

通过 CGI 运行 PHP 脚本，用于与 Web 服务器通信，性能相对较低，不常用。

3. Web 服务器模块

PHP 作为 Web 服务器的模块运行，与 Web 服务器进程绑定在一起。这种方式简单，但可能影响服务器性能和稳定性，适用于简单的 Web 应用程序和小型网站，不需要大量并发处理。

4. PHP-FPM

PHP-FPM（PHP-FastCGI Process Manager，PHP-FastCGI 进程管理器）是一种独立的进程管理器，用于处理 PHP 请求，适用于需要高性能、高并发处理和高稳定性的大型 Web 应用程序。

在 Web 服务器上运行 PHP 脚本，服务器会生成 HTML 内容，然后将响应发送给用户浏览器，最终由浏览器渲染和呈现给用户。这种方式允许开发者创建动态的、交互性强的 Web 应用程序。PHP 运行流程如图 1-21 所示。

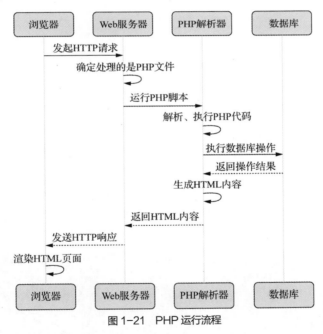

图 1-21　PHP 运行流程

PHP 在处理 Web 请求时主要有以下几个步骤。

1. 客户端请求

整个过程始于用户在浏览器中输入统一资源定位符（Uniform Resource Locator，URL）、单击超链接或者提交表单，向 Web 服务器发起 HTTP 请求。

2. Web 服务器处理

Web 服务器（如 Apache、NGINX 等）收到 HTTP 请求后，会根据请求的 URL 和其他信息来确定如何处理请求。如果请求的 URL 对应的文件是一个 PHP 文件（通常以扩展名.php 结尾），服务器会将请求的 PHP 文件交给 PHP 解析器。

3. PHP 代码执行

PHP 解析器逐行解析和执行 PHP 代码。在执行过程中，它可以执行各种任务，包括数据库查询、文件操作、数据处理等，最后生成对应的 HTML 内容，并将其发送到 Web 服务器。

4. Web 服务器响应 HTML

PHP 脚本生成的 HTML 内容会返回 Web 服务器，这些内容包括页面的结构、文本、图像等。Web 服务器收到 PHP 生成的 HTML 内容后，会将其打包成 HTTP 响应，并返回给用户浏览器。

5. 浏览器渲染

用户浏览器收到 HTTP 响应后，会解析 HTML 内容并在用户浏览器上渲染页面。

📖 任务实践

1.2.3　编写并运行 PHP 脚本

通过文件资源管理器找到服务器文档根目录 htdocs，右击 htdocs 目录，在弹出的菜单中选择"通过 Code 打开"命令，如图 1-22 所示。

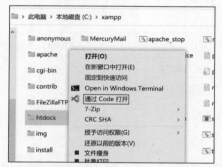

图 1-22　选择"通过 Code 打开"命令打开目录

Visual Studio Code 启动后，其主界面左侧的 EXPLORER（资源管理器）中会显示 HTDOCS，表示当前打开的目录。目录名的旁边依次是"New File"（创建文件）、"New Folder"（创建目录）、"Refresh Explorer"（刷新资源管理器）和"Collapse Folders In Explorer"（在资源管理器中折叠目录）按钮，如图 1-23 所示。

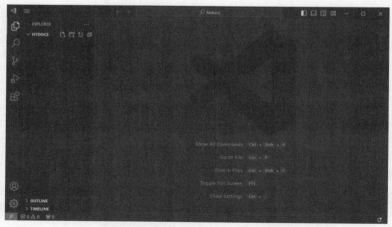

图 1-23　Visual Studio Code 主界面

单击"New File"（创建文件）按钮，在输入框中输入文件名 test.php，按 Enter 键后，HTDOCS 下生成 test.php 文件。在 test.php 文件中加入代码<?php　phpinfo(); ?>，保存文件，如图 1-24 所示。

图 1-24　使用 Visual Studio Code 编辑 PHP 脚本

启动 Apache 服务器后，在浏览器中通过 http://127.0.0.1/test.php 访问该文件。如果 PHP 脚本正确运行，则可以看到运行结果，其中包括当前服务器的设置、操作系统版本、PHP 版本等信息，如图 1-25 所示。

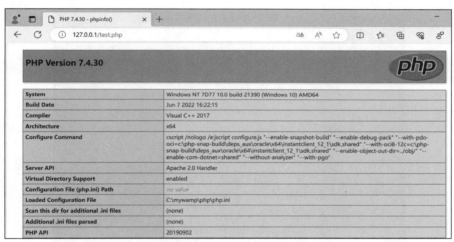

图 1-25　PHP 脚本运行结果

在浏览器中输入的 http://127.0.0.1/test.php 称为统一资源定位符，用于标识和定位网络上的资源。它包括描述资源位置的信息，如协议、主机名、端口号、路径等，结构如下。

协议://主机名或者主机 IP 地址:端口/资源路径

如果通过协议的默认端口进行访问，则可以省略其中的":端口"。常见的协议默认端口有 FTP 的 21、HTTP 的 80、HTTPS 的 443 和 MySQL 协议的 3306，所以 http://127.0.0.1/test.php 表示通过 HTTP 的默认端口 80 请求位于本机 Web 服务器文档根目录 htdocs 下的 test.php 文件。

项目实践　文化墙项目虚拟主机配置

当使用本地主机默认域名 localhost 访问 Apache 服务器时，服务器会访问默认的网站文档根目录，即 htdocs。在实际开发中，可能会在同一台服务器上部署多个 Web 应用程序。如果希望通过不同的域名访问不同的应用程序文档根目录，就需要对服务器进行虚拟主机配置。虚拟主机允许在同一台服务器上托管多个域名或网站。

【实践目的】

掌握 hosts 域名解析配置，掌握 Apache 服务器虚拟主机配置，掌握 Apache 服务器目录访问权限配置。

【实践过程】

1. 修改 hosts

在 Windows 上进行本地域名解析可以将自定义域名映射到特定的 IP 地址，以便本地系统直接解析这些域名，而不需要通过公共域名系统（Domain Name System，DNS）服务器。

以管理员身份通过 Visual Studio Code 打开 C:/Windows/System32/drivers/etc 下的 hosts 文件，在 hosts 文件的末尾添加要进行本地解析的域名和对应的 IP 地址，格式如下。

```
127.0.0.1 www.culture.local
```

保存文件后，打开命令行工具，执行下面的命令刷新 DNS 缓存，使配置立即生效。

```
ipconfig /flushdns
```

在命令行工具中执行下面的命令，如果显示"来自 127.0.0.1 的回复"，则表示本地域名解析配置成功，如图 1-26 所示。

```
ping www.culture.local
```

图 1-26　测试本地域名解析

2. 创建文化墙项目

选择一个目录作为项目的文档根目录，这里在 C:/Webapps 下新建目录 culture，作为项目的文档根目录。在 culture 目录下新建 index.php，其中的代码如下。

```php
<?php
echo  "文化墙项目首页"
?>
```

在 PHP 中，echo 是一个用于输出数据到浏览器的语言结构。它通常用于将字符串、变量直接显示在网页上。echo 是一个语言结构，而不是一个函数，这意味着它不需要像函数那样使用括号。

3. 配置虚拟主机

前面的操作设置了本地域名 www.culture.local，创建了项目文档根目录 culture，现在需要让 Apache 服务器对域名和项目文档根目录建立关联，即将来自对 www.culture.local 域名的请求转到 culture 目录。

在 Apache 配置文件 httpd.conf 中可以找到下面的代码。

```
Include conf/extra/httpd-vhosts.conf
```

Include 命令表示将外部配置文件导入当前配置文件，后面跟的是虚拟主机配置文件的路径。打开

httpd-vhosts.conf 文件，在文件末尾添加下面的代码。

```
<VirtualHost *:80>
    DocumentRoot "C:/xampp/htdocs"
    ServerName localhost
</VirtualHost>

<VirtualHost *:80>
    DocumentRoot "C:/Webapps/culture"
    ServerName www.culture.local
</VirtualHost>
```

<VirtualHost>标签用于定义虚拟主机，*:80 表示来自任何 IP 地址的请求都会匹配该虚拟主机配置。这意味着无论请求来自哪个 IP 地址，只要它们使用的是服务器的 80 端口，都会被路由到该虚拟主机进行处理。

DocumentRoot 指定了虚拟主机的文档根目录，即网站文件的存放位置。

ServerName 指定了虚拟主机的域名或主机名。当服务器收到来自该域名的请求时，它将使用相应的虚拟主机配置进行处理。

上面的代码表示来自 localhost 域名的请求将被转到 C:/xampp/htdocs 目录，来自 www.culture.local 域名的请求将转到 culture 目录。

保存配置后重启 Apache 服务器，通过浏览器打开 http://www.culture.local，浏览器将返回一个错误页面，如图 1-27 所示。错误页面提示没有权限访问资源，这是因为 Apache 服务器没有设置 culture 目录的访问权限。

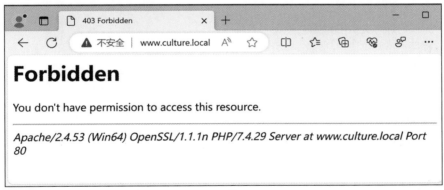

图 1-27　错误页面

4. 设置访问权限

在 httpd-vhosts.conf 文件的末尾加入下面的代码。

```
<Directory "C:/Webapps/culture">
        Options Indexes
        Require all granted
</Directory>
```

在 Apache 服务器的配置文件中，<Directory>标签用于指定特定目录的访问权限，Options Indexes 表示启用目录索引功能。当访问该目录时，如果没有指定具体的文件名，服务器将显示该目录下的文件列表。Require all granted 表示允许所有用户访问该目录，这意味着服务器将允许任何用户通过 HTTP 请求访问 culture 目录中的文件。

保存配置后重启 Apache 服务器，通过浏览器打开 http://www.culture.local，浏览器将返回结果页面，如图 1-28 所示。

图 1-28　返回结果页面

项目小结

　　本项目主要介绍了如何搭建 PHP 运行环境，以及运行 PHP 脚本的相关知识。首先介绍了 PHP 的相关内容、PHP 运行环境、常见的 PHP 运行环境集成软件以及通过 XAMPP 搭建 PHP 运行环境。然后介绍了运行 PHP 脚本，包括 PHP 常用的开发工具、PHP 脚本运行方式，以及编写并运行 PHP 脚本。本项目通过理论知识和实践任务的结合，帮助读者更好地了解和掌握 PHP 的运行环境和脚本执行过程，为后续内容的学习打好基础。

课后习题

一、选择题

1. 静态网页是指（　　）。
　　A. 可以实时更新内容的网页
　　B. 只包含静态文本和图像的网页
　　C. 使用动态脚本语言创建的网页
　　D. 只能在本地计算机上访问的网页

2. 动态网页技术的一个主要优势是（　　）。
　　A. 更高的安全性
　　B. 更快的加载速度
　　C. 可以根据用户的输入和交互动态地生成内容
　　D. 更好的兼容性

3. PHP 是一种（　　）。
　　A. 编程语言　　　　B. 操作系统　　　　C. 数据库　　　　D. 网络协议

4. （　　）能够提供 Web 服务。
　　A. phpMyAdmin　　B. XAMPP　　　　C. MySQL　　　　D. Visual Studio Code

5. （　　）是 HTTP 的默认端口。
　　A. 21　　　　　　　B. 80　　　　　　　C. 3306　　　　　D. 443

二、填空题

1. PHP 是一种＿＿＿＿＿＿端脚本语言，用于服务器端开发和动态网页生成。

2. PHP 文件的扩展名通常为＿＿＿＿＿＿。

3. PHP 运行的基本原理是将 PHP 脚本发送到＿＿＿＿＿＿，由其解释执行，然后将结果返回给客户端浏览器。

4. PHP 的配置文件通常是＿＿＿＿＿＿，它包含 PHP 的各种设置选项。

5. Apache 的配置文件通常是＿＿＿＿＿＿，它包含 Apache 的各种设置选项。

项目2
PHP语言基础

02

【知识目标】

- 理解PHP的基本语法。
- 理解变量和常量。
- 理解运算符和流程控制语句。
- 理解命名空间。
- 理解函数。

【能力目标】

- 能够正确命名标识符。
- 能够定义和使用变量。
- 能够定义和使用常量。
- 能够使用运算符进行运算。
- 能够使用流程控制语句实现业务逻辑。
- 能够使用命名空间和文件引入管理代码。
- 能够自定义函数解决问题。

【素质目标】

- 培养解决实际问题的能力。
- 培养分析和处理数据的能力。
- 培养创新意识和创造力。

情境引入　生成话剧介绍页面

话剧是一种舞台表演艺术形式，通常以文字对白和演员表演为主要方式。中国话剧是在中国传统文化和现代戏剧形式相互融合的基础上发展起来的一种戏剧艺术。

为了弘扬红色文化、传承革命精神，某话剧社特别策划了光影铸魂——红色话剧周活动。这一活动的核心目标是提高红色话剧在社会中的关注度。这些话剧可以激发观众的爱国情感，传承红色基因。

在话剧社官方网站和社交媒体平台上，需要呈现生动、富有创意的动态页面，通过话剧海报、剧照等内容，以一种更具互动性的形式来展示话剧艺术的发展历程。本项目将带领大家实现话剧介绍页面的制作。

任务 2.1 PHP 基础知识

相关知识

2.1.1 标记

通常情况下，一个 PHP 文件同时包含 HTML 代码和 PHP 代码，PHP 代码需要放在 PHP 标记内部。PHP 标记以"<?php"表示开始，以"?>"表示结束。如果当前 PHP 文件只包含 PHP 代码，则可以省略结束标记。

标记

```
// 这里非 PHP 代码
<?php
// 这里是 PHP 代码
?>
```

当 PHP 解析器执行 PHP 文件时，PHP 解析器会寻找 PHP 的开始标记和结束标记，解析开始标记和结束标记之间的代码，按照 PHP 语法运行，没有放在 PHP 标记内的内容会被解析器直接输出。

2.1.2 注释

注释是指在代码中进行解释说明的内容。注释可以提高代码的可读性，有利于代码后期维护。PHP 支持 3 种风格的注释。

"//"表示 C++风格的单行注释，该行代码会被注释掉。

"#"表示 Shell 风格的单行注释，该行代码会被注释掉。

以"/*"开头、"*/"结尾的为多行注释，中间的代码会被注释掉。

注释

【例 2-1】下面的代码演示了 PHP 的 3 种风格注释的使用。

```
<?php
echo "使用"//"可以完成单行注释<br>";
//echo "看不见我";
echo "使用"#"可以完成单行注释<br>";
#echo "看不见我";
echo "使用"/* */"可以完成多行注释";
/*
echo "看不见我";
echo "看不见我";
echo "看不见我";
*/
?>
```

程序运行结果如图 2-1 所示，通过结果可以看到注释内容并没有出现在页面中。

图 2-1　PHP 使用注释运行结果

2.1.3　标识符与关键字

在编程语言中，标识符用于命名变量、函数、类、对象等程序元素。标识符遵循一系列命名规则，以确保代码的清晰性和一致性。在 PHP 中，定义标识符需要遵循以下几点。

（1）标识符只能由数字、字母和下画线构成。

（2）标识符不能以数字开头。

（3）标识符在作为变量名时，区分大小写。

例如，title、var123 和_name 是合法的标识符，而 123var、-name 和 title*是非法的标识符。

注意：在此所说的字母包含 a~z、A~Z，以及 ASCII 值为 128~255（0x80~0xff）的字符。

关键字是指编程语言中的保留字，它们具有特定的意义，用于定义程序的结构和功能等。关键字不能被用作变量名、函数名或其他标识符，因为它们在语言的语法规则中扮演着固定的角色。PHP 常见关键字如表 2-1 所示。

表 2-1　PHP 常见关键字

__halt_compiler	abstract	and	array	as
break	callable	case	catch	class
clone	const	continue	declare	default
die	do	echo	else	elseif
empty	enddeclare	endfor	endforeach	endif
endswitch	endwhile	eval	exit	extends
final	finally	fn	for	foreach
function	global	goto	if	implements
include	include_once	instanceof	insteadof	interface
isset	list	namespace	new	or
print	private	protected	public	require
require_once	return	static	switch	try
trait	throw	unset	use	var
while	xor	yield	yield from	

关键字是编程语言的核心组成部分，正确理解和使用关键字对于编写高效、可读性强的程序代码至关重要。

2.1.4　变量的概念

在编程中，变量用于存储数据值。它相当于一个容器，可以在程序运行时向其中放入数据，并在需要时读取或修改这些数据。变量使得程序能够动态地处理数据，而不是在程序编写完毕后就不能改变。变量通常具有以下几个基本属性。

1. 变量名

变量名是变量的名称，用于在代码中引用变量。在大多数编程语言中，变量名必须遵循一定的命名规则，比如只能包含字母、数字和下画线，以及不能以数字开头。

2. 数据类型

数据类型指变量可以存储的数据的类型。在某些语言中，变量的数据类型在声明时指定。不需要在声明变量时指定数据类型的语言称为弱类型语言。在弱类型语言中，变量可以在运行时改变数据类型。

3. 值

值是变量存储的实际数据，在程序执行过程中可以改变。

4. 作用域

作用域指变量在程序中的可见范围。有些变量在整个程序中都是可见的，而有些只在特定的代码块中可见。

5. 生命周期

生命周期指变量从被创建到被销毁的时间。有些变量在函数调用结束后不再存在，而有些变量可能在整个程序运行期间都存在。

PHP是一种弱类型语言，变量的数据类型在运行时可以改变，所以在PHP中声明变量的时候不需要指定数据类型，PHP解析器会根据传入的值自动判断数据类型。

PHP中的变量名需要遵循以下要求。

（1）变量名必须以符号$为前缀。

（2）变量名只能由数字、字母和下画线构成。

（3）变量名不能以数字开头。

（4）变量名区分大小写。

例如，年龄（$age）、身高（$height）、家庭地址（$address）可以理解为变量名，"20""168.5""xx小区xx栋xx室"是变量值，整型、浮点型、字符串型是变量类型。变量值可以改变，例如年龄今年为20、明年为21，身高变为168.8或者搬家后家庭地址发生变化。

```
$age=20;
$height=168.5;
$address="xx小区xx栋xx室";
//同一个变量名对应的值发生变化
$age=21;
$height=168.8;
$address="yy小区yy栋yy室";
```

变量名应由有意义的单词组成，以使代码便于理解。如果变量名较长，则建议使用驼峰式或者下画线式的命名规则，如$studentName、$student_name。

2.1.5　语句与代码块

PHP脚本由一系列PHP语句组成，而PHP语句由表达式和分号组成。编程语言中的表达式是值、变量、常量、函数和运算符的组合，表达式能够计算出结果。PHP 需要在每条语句后面使用英文分号"；"作为分隔符，表示当前语句结束。如果某条语句是整个 PHP 脚本的最后一条语句，则其后的分号可以省略。

如果多条语句之间存在关系，如函数、逻辑控制、类的定义等，则可以用一对大括号"{}"将这几条语句括起来，表示这是一个代码块。大括号的后面不需要加分号。

【例 2-2】下面的代码演示了 PHP 语句和代码块的使用。

```php
<?php
//赋值语句，需要加上分号作为分隔符
$arr = ["富强","民主","文明","和谐","自由","平等","公正","法治","爱国","敬业","诚信","友善"];
//函数调用语句，需要加上分号作为分隔符
var_dump($arr);

//输出语句，需要加上分号作为分隔符
echo "<br>";
//函数定义，大括号代码块里面的内容表示函数体，大括号的后面不需要加分号
function hello(){
    echo "hello ";
    echo "welcome to China!";
}
/*函数调用语句，同时是"PHP 结束标记"前的最后一条语句，所以分号可以省略*/
hello()
?>
```

程序运行结果如图 2-2 所示。注意代码注释说明的哪些地方必须加分号，哪些地方可以不加分号。

语句和代码块

图 2-2　PHP 语句和代码块运行结果

var_dump()、echo 和 print_r()在 PHP 中都可以用于输出变量信息，它们各自有不同的用途和输出格式。

1. var_dump()

var_dump()是一个非常强大的函数，用于输出一个或者多个变量的详细信息，包括数据类型、值和长度等。

2. echo

echo 可以输出一个或多个变量，但只能输出它们的值，不能输出变量的详细信息。echo 不能用来直接输出数组的内容。

3. print_r()

print_r()函数类似于 var_dump()函数，它也输出变量的值和数据类型，但它的输出更易于阅读，通常用于展示数组和对象的结构。

📖 任务实践

2.1.6 动态生成话剧介绍页面

在网页设计和开发中，可以将一个网页理解成由结构和内容两大部分构成。

1. 结构

结构是网页的骨架，它决定了页面的布局和组织方式。结构使用不同的 HTML 标签将页面划分成不同的部分，例如<nav>表示导航栏、<header>表示页眉、<footer>表示页脚、<p>表示段落等。

结构还涉及 CSS，它负责页面的视觉样式，如颜色、字体、间距、布局等。CSS 允许开发者将样式与内容分离，使得页面的视觉效果可以独立于 HTML 结构进行设计和调整。

结构还包括 JavaScript 代码，它负责页面的交互性，如响应用户的单击、表单提交、动态内容加载等。

2. 内容

内容是网页的实际信息，包括文本、图片、视频、音频等。内容是用户访问网页的主要目的，它传递信息、讲述故事或提供服务。

内容通常存储在服务器的数据库中，通过服务器端脚本动态生成，或者直接嵌入 HTML 文件。

【例 2-3】演示使用 PHP 动态输出内容，生成话剧介绍页面。

2-3.html 是一个基本的 HTML 网页文件，用 HTML 和 CSS 来生成静态网页的结构，用于展示话剧介绍的静态页面，代码如下。

```
<!DOCTYPE html>
<html lang="zh-CN">

<head>
    <meta charset="UTF-8">
    <meta name="viewport" content="width=device-width, initial-scale=1.0">
    <title>话剧《xxx》介绍</title>
    <style>
        body {
            font-family: 'Arial', sans-serif;
            margin: 0;
            padding: 0;
            background-color: #f4f4f4;
        }

        .container {
```

```css
        max-width: 1200px;
        margin: auto;
        padding: 0 20px;
    }

    header {
        background: #333;
        color: #fff;
        padding: 20px 0;
        text-align: center;
    }

    header h1 {
        margin: 0;
        font-size: 2.5rem;
    }

    nav {
        background: #e8491d;
        padding: 10px 0;
    }

    nav ul {
        list-style: none;
        padding: 0;
        display: flex;
        justify-content: center;
    }

    nav li {
        margin: 0 20px;
    }

    nav a {
        color: #fff;
        text-decoration: none;
        font-size: 1.2rem;
    }

    nav a:hover {
        text-decoration: underline;
    }

    .main-content {
        margin: 40px 0;
    }

    .image-gallery {
        display: flex;
        flex-wrap: wrap;
        justify-content: space-around;
        gap: 20px;
    }
```

```
        .image-gallery img {
            max-width: 300px;
            border: 1px solid #ccc;
            padding: 5px;
        }

        footer {
            background-color: #333;
            color: #fff;
            text-align: center;
            padding: 20px 0;
        }
    </style>
</head>

<body>
    <header>
        <h1>话剧《xxx》介绍</h1>
    </header>

    <nav>
        <ul>
            <li><a href="#">首页</a></li>
            <li><a href="#">关于我们</a></li>
            <li><a href="#">即将上映</a></li>
        </ul>
    </nav>

    <div class="container">
        <section id="main-content" class="main-content">
            <h2>剧情概要</h2>
            <p>（在这里添加剧情概要的详细内容）</p>

            <h2>剧照展示</h2>
            <div class="image-gallery">
                <img src="path-to-your-image1.jpg" alt="话剧《xxx》剧照 1">
                <img src="path-to-your-image2.jpg" alt="话剧《xxx》剧照 2">
                <img src="path-to-your-image3.jpg" alt="话剧《xxx》剧照 3">
                <!-- 添加更多图片 -->
            </div>
        </section>
    </div>

    <footer>
        <p>版权所有 &copy; 2024 话剧社</p>
    </footer>
</body>

</html>
```

话剧介绍的静态页面运行结果如图 2-3 所示。

图 2-3 话剧介绍的静态页面运行结果

在创建话剧介绍的静态页面时，我们已经完成了页面的基本结构，包括布局、导航和样式。为了使页面内容能够根据具体的话剧信息动态更新，我们需要引入动态语言，如 PHP。这样，每当有新的话剧信息需要展示时，我们可以通过服务器端脚本动态地生成内容，而不用手动更新每个静态页面。

使用 PHP 的输出语句（如 echo 语句）将从数据库中检索到的数据插入 HTML 模板的相应位置。这样每次加载页面时，都会显示最新的话剧信息。

将 2-3.html 的内容另存为 2-3.php，使用 echo 语句在代码需要生成内容的地方进行内容输出，替换图 2-3 所示的话剧名、剧情概要、剧照展示。2-3.php 使用 PHP 动态生成话剧介绍页面，代码如下。

```
<!DOCTYPE html>
<html lang="zh-CN">
<?php
// 话剧名
$title = "上甘岭";
// 话剧介绍
$introduce = "该话剧以上甘岭战役中的坑道为主场景，讲述了一群具有钢铁意志的志愿军战士，在断粮断水、弹药缺乏、与组织失去通信联络的情况下，面对敌人的强大炮火英勇无畏、顽强坚守阵地的故事。";
// 剧照 1
$img1 = "./imgs/placeholder_1.png";
// 剧照 2
$img2 = "./imgs/placeholder_2.png";
// 剧照 3
$img3 = "./imgs/placeholder_3.png";
?>

<head>
    <meta charset="UTF-8">
```

```html
<meta name="viewport" content="width=device-width, initial-scale=1.0">
<title>话剧《<?=$title?>》介绍</title>
<style>
    body {
        font-family: 'Arial', sans-serif;
        margin: 0;
        padding: 0;
        background-color: #f4f4f4;
    }

    .container {
        max-width: 1200px;
        margin: auto;
        padding: 0 20px;
    }

    header {
        background: #333;
        color: #fff;
        padding: 20px 0;
        text-align: center;
    }

    header h1 {
        margin: 0;
        font-size: 2.5rem;
    }

    nav {
        background: #e8491d;
        padding: 10px 0;
    }

    nav ul {
        list-style: none;
        padding: 0;
        display: flex;
        justify-content: center;
    }

    nav li {
        margin: 0 20px;
    }

    nav a {
        color: #fff;
        text-decoration: none;
        font-size: 1.2rem;
    }

    nav a:hover {
        text-decoration: underline;
    }

    .main-content {
```

```
        margin: 40px 0;
    }

    .image-gallery {
        display: flex;
        flex-wrap: wrap;
        justify-content: space-around;
        gap: 20px;
    }

    .image-gallery img {
        max-width: 300px;
        border: 1px solid #ccc;
        padding: 5px;
    }

    footer {
        background-color: #333;
        color: #fff;
        text-align: center;
        padding: 20px 0;
    }
    </style>
</head>

<body>
    <header>
        <h1>话剧《<?= $title ?>》介绍</h1>
    </header>

    <nav>
        <ul>
            <li><a href="#">首页</a></li>
            <li><a href="#">关于我们</a></li>
            <li><a href="#">即将上映</a></li>
        </ul>
    </nav>

    <div class="container">
        <section id="main-content" class="main-content">
            <h2>剧情概要</h2>
            <p><?= $introduce ?></p>

            <h2>剧照展示</h2>
            <div class="image-gallery">
                <img src="<?= $img1 ?>" alt="话剧《<?= $title ?>》剧照 1">
                <img src="<?= $img2 ?>" alt="话剧《<?= $title ?>》剧照 2">
                <img src="<?= $img3 ?>" alt="话剧《<?= $title ?>》剧照 3">
                <!-- 添加更多图片 -->
            </div>
        </section>
    </div>
```

```
    <footer>
        <p>版权所有 &copy; 2024 话剧社</p>
    </footer>
</body>

</html>
```

动态生成话剧介绍页面内容的运行结果如图 2-4 所示。

图 2-4　动态生成话剧介绍页面内容的运行结果

在 PHP 代码中，定义了几个变量，包括$title（话剧名）、$introduce（话剧介绍）、$img1、$img2和$img3（剧照图片）。这些变量将在 HTML 代码的后续部分中使用。在需要显示内容的地方，代码通过使用 PHP 的短标记<?= ?>，将话剧的标题、介绍和剧照动态地插入 HTML 页面。

在 PHP 中，<?= ?>是一个短标记，它允许开发者在 HTML 文件中输出表达式的值。使用短标记可以让代码更加简洁，而不需要使用完整的<?php ?>标记和 echo 语句。短标记不需要在表达式后面使用分号来结束语句。

任务 2.2　认识数据类型

📖 相关知识

编程语言操作计算机中的数据，每种数据都有对应的类型。PHP 是一种弱类型语言，因为 PHP 中的变量在使用时不需要声明数据类型，在程序运行过程中可以被多次赋予不同类型的值。

PHP 提供了三大类数据类型，分别是标量数据类型、复合数据类型和特殊数据类型。

2.2.1　标量数据类型

PHP 的标量数据类型是最基本的数据类型，总共有 4 种，分别是布尔型、整型、浮点型和字符串型。

1. 布尔型（boolean）

布尔型只有两个值，分别是 true 和 false，表示逻辑真和逻辑假，通常在流程控制语句里面使用。

2. 整型（integer）

整型值包括正整数、负整数和 0，可以用二进制、八进制、十进制和十六进制表示值。整型值最前面可以加上"+"或"−"来表示正数或负数，在数字前面加上 0b 来表示二进制，加上 0 表示八进制，加上 0x 表示十六进制。

整型值的取值范围和操作系统有关，PHP 中可以通过常量 PHP_INT_MIN 获取整型值的最小值，通过常量 PHP_INT_MAX 获取整型值的最大值。

需要注意的是，如果一个整型值的大小超出了整型值的取值范围，那么 PHP 会把这个值解析成浮点型值。

3. 浮点型（float）

浮点型值是含有小数点的数字，浮点型值最前面可以加上"+"或"−"表示正数或负数。浮点型值支持科学计数表示法。例如，3.14 和 314e-2 都是浮点型值。

4. 字符串型（string）

在 PHP 中，字符串是由字符序列组成的数据类型，它可以包含字母、数字以及特殊字符。PHP 提供了 4 种不同的字符串表示方式：单引号（''）、双引号（""）、heredoc 结构和 nowdoc 结构。

【例 2-4】下面的代码演示了标量数量类型的基本用法。

```php
<?php
// 输出布尔值 false
var_dump(false);
// 输出十六进制数 0xff
var_dump(0xff);
// 输出浮点型值 3.14
var_dump(3.14);
// 输出字符串"社会主义核心价值观"
var_dump("社会主义核心价值观");

// 判断布尔值是否为标量
echo "布尔值是标量? " . is_scalar(false) . "<br>";
// 判断十六进制数是否为标量
echo "整型值是标量? " . is_scalar(0xff) . "<br>";
// 判断浮点型值是否为标量
echo "浮点型值是标量? " . is_scalar(3.14) . "<br>";
// 判断字符串是否为标量
echo "字符串是标量? " . is_scalar("社会主义核心价值观");
?>
```

标量数据类型的基本用法运行结果如图 2-5 所示。

代码首先使用 var_dump() 函数来展示 4 个不同类型值的详细信息：一个布尔值、一个整型值、一个浮点型值和一个字符串。接着，代码利用 is_scalar() 函数来测试这些变量是否属于标量数据类型。is_scalar() 函数可以判断一个值是否为标量数据类型，如果是则返回 true，否则返回 false。在实际运行结果中，尽管 is_scalar()函数确实返回了 true，但在使用 echo 函数输出时，布尔值 true 会被自动转换为整型值 1。

图 2-5　标量数据类型的基本用法运行结果

【例 2-5】下面的代码演示了 4 种字符串的使用。

```php
<?php
// 输出字符串
echo "<h4>字符串中转义字符</h4>";
// 双引号转义
echo "行胜于言的翻译是\"actions speak louder than words\"<br>";
// 单引号转义
echo '单引号\'中\\141 输出的结果是字符\141<br>';
// 双引号转义和八进制转义字符
echo "双引号\"中\\141 输出的结果是字符\141<br>";
// 定义一个字符串
$str = "不负时代，不负韶华，不负党和人民的殷切期望！";
// 输出字符串
echo "<h4>字符串中变量解析</h4>";
echo '单引号字符串中\$str 的值是{$str}<br>';
echo "双引号字符串中\$str 的值是{$str}<br>";
// 输出 heredoc 语法结构字符串
echo <<<EOF
<div style="margin-top: 20px;">
    <button type="button" onclick="alert('$str')"  style="padding: 5px 15px;">点我
</button>
    </div>
    EOF;
    ?>
```

4 种字符串的使用运行结果如图 2-6 所示。

代码主要用来演示 4 种字符串中的转义字符和变量解析的使用方法，通过 echo 将字符串输出到浏览器中。

在双引号字符串中使用大括号"{}"包围变量时，PHP 解析器会在运行时将变量的值插入字符串的相应位置。这种语法可以将变量的值直接嵌入字符串，而不需要使用字符串运算符 "." 来拼接字符串。

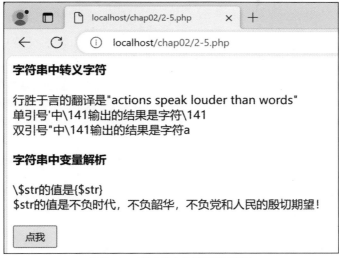

图 2-6　4 种字符串的使用运行结果

在单引号字符串中，变量以及除反斜线 "\" 和单引号 "'" 以外的特殊字符不会被解析。在这种情况下，字符串内容会被视为纯文本，不会进行变量或其他特殊字符的解析。

在双引号字符串中，变量会被解析成其对应的值，并且 PHP 解析器还会对特殊字符进行转义解析。这意味着双引号字符串中的变量会被替换为其实际值，同时特殊字符也会被正确解释和处理。

这种差异使得开发者可以根据需要选择合适的引号类型来构建字符串。如果需要包含变量或者特殊字符的转义，则使用双引号。如果不需要这些特性，那么单引号通常更简洁。常用的转义字符如表 2-2 所示。

表 2-2　常用的转义字符

转义字符	说明
\n	换行
\r	回车符
\t	水平制表符
\\	反斜线
\$	美元符
\"	双引号
\'	单引号
\[0-7]{1,3}	一个以八进制来表示的字符
\x[0-9A-Fa-f]{1,2}	一个以十六进制来表示的字符
\u{[0-9A-Fa-f]+}	一个以 unicode 编码来表示的字符

使用 heredoc 语法结构来创建多行字符串时，需要以 3 个小于号 "<<<" 开始，紧接一个自定义标识符（这个标识符就是字符串的结束标志），然后换行。字符串内容可以跨越多行，直到遇到与

开始处相同的标识符，并且这个标识符必须独占一行，不能有其他字符或空格。标识符遵循 PHP 的命名规则，只能包含字母、数字和下画线，且必须以字母或下画线开头。heredoc 语法结构示例代码如下。

```
<<<EOF
字符串内容
EOF
```

heredoc 语法结构在 PHP 中非常适用于处理包含大量文本的数据，尤其是当文本中需要包含单引号或双引号时，因为这些引号在 heredoc 中不需要转义。这使得编写和维护代码变得非常方便。

nowdoc 语法结构与 heredoc 非常相似，只是 nowdoc 的开始标识符需要用单引号引起来。但是 nowdoc 不会解析字符串中的变量，在 nowdoc 字符串中，变量不会被替换为它们的值，而是保持原样输出。nowdoc 语法结构示例代码如下。

```
<<<'EOF'
字符串内容
EOF
```

2.2.2　复合数据类型

与标量数据类型只包含一个值不同，复合数据类型可以包含多个值。PHP 提供了两种复合数据类型，分别是数组和对象。

1. 数组

数组（array）是由多个元素组成的集合，每个元素都是一个键值对，其中键（key）可以是整型或字符串型，而值（value）可以是任何数据类型。在创建数组时，如果多个元素被赋予相同的键名，那么只有最后一个元素的值会被保留，之前的值会被覆盖。如果数组中的某个值本身也是一个数组，那么称这种结构为多维数组。

在 PHP 中，数组可以通过多种方式定义。一种常见的方法是使用 array()函数，该函数接受由逗号分隔的键值对作为参数，其基本语法如下。

```
array(value1, value2, value3,...)
```

如果未指定键名，那么 PHP 会自动为数组分配整型键名，通常是在现有最大整型键名的基础上加 1（从 0 开始计数）。这种使用数字作为索引的数组称为索引数组。

当需要使用更有意义的键名来提高代码的可读性和维护性时，可以使用字符串作为键名，这样的数组称为关联数组。关联数组的基本语法如下。

```
array("key1" => value1, "key2" => value2, "key3" => value3,...)
```

关联数组允许使用字符串作为索引来访问数组中的元素，这在处理具有特定含义的数据时非常有用。

另一种更简洁的数组创建方法是使用短数组语法，它允许直接使用中括号来定义数组，其基本语法如下。

```
// 关联数组简写方式
["key1" => value1, "key2" => value2, "key3" => value3,...]
// 索引数组简写方式
[value1, value2, value3,...]
```

此外，PHP 还支持直接使用赋值语句来创建或修改数组，其基本语法如下。

```
$arr[] = value; // 向索引数组末尾添加新元素
$arr[n] = value; // 创建或修改数组中索引为 n 的元素值
$arr["key"] = value; // 创建或修改关联数组中键为 key 的元素值
```

在 PHP 中，要访问数组中的特定元素，需要使用数组变量名，后面跟上中括号"[ ]"，并在中括号内指定元素的键名。如果是索引数组，则直接使用数字；如果是关联数组，则需要将键名放在单引号或双引号中。

2. 对象

对象（object）是面向对象编程中的一个核心概念，它代表类的具体实例。在 PHP 中，类是用户定义的一种数据结构，它封装了数据和操作这些数据的方法。使用 new 关键字创建一个类的实例时，就创建了一个对象。

【例 2-6】下面的代码演示了数组的基本用法。

```php
<?php
// 使用 array()函数完整赋值
$movie_list = array(
    "yxen" => "英雄儿女",
    "sgl" => "上甘岭",
    "ssdhx" => "闪闪的红星",
    "ddz" => "地道战"
);
var_dump($movie_list);
echo "<hr>";
// 使[]完整赋值
$movie_list1 = [
    0 => "英雄儿女",
    1 => "上甘岭",
    "ssdhx" => "闪闪的红星",
    "地道战"
];
var_dump($movie_list1);
echo "<hr>";
// 使用 array()函数省略 key 赋值
$movie_list2 = array("英雄儿女", "上甘岭", "闪闪的红星", "地道战");
var_dump($movie_list2);
echo "<hr>";
// 使用[]省略 key 赋值
$movie_list3 = ["英雄儿女", "上甘岭", "闪闪的红星", "地道战"];
var_dump($movie_list3);
echo "<hr>";
// 通过数组的 key 访问 value
echo $movie_list3[0];
// 通过数组的 key 修改 value
$movie_list3[0] = "小兵张嘎";
echo "<br>";
echo $movie_list3[0];
?>
```

数组的基本用法运行结果如图 2-7 所示。

代码演示了在 PHP 中如何使用 array()函数和[ ]来创建数组，其中包含完整的键值对和省略键的情况。通过 var_dump()函数可以清晰地看到数组的键值对关系，关联数组的键是字符串型，索引数组的键是整型。数组$movie_list1 比较特殊，它既有字符串键，也有数字键，是一个混合数组。此外，代码还演示了如何通过键来访问和修改数组中的值。

复合数据类型

图 2-7　数组的基本用法运行结果

2.2.3　特殊数据类型

在 PHP 中，存在两种特殊的数据类型，分别是资源和空值。

1. 资源

在 PHP 中，资源（resource）用于表示对外部资源的引用，如文件句柄、数据库连接等。资源类型的主要作用是让 PHP 与外部系统进行交互，而这些外部系统的实际实现在 PHP 之外。对资源类型的引用通常需要通过相关函数来创建，而这些函数负责在 PHP 中建立连接或关联到外部资源。不再需要这些资源时需要通过函数进行释放，以避免资源泄露。

2. 空值

在 PHP 中，空值（null）表示一个变量没有被赋予任何值。这可能是因为变量未经赋值、被明确赋值为 null 或者经过 unset()函数处理。空值在变量的生命周期中处于有效的状态，它告诉我们这个变量当前没有包含任何数据。

【例 2-7】 下面的代码演示了特殊数据类型的使用。

```php
<?php
// 打开文件 2-7.php
echo '$file = fopen("2-7.php","r") : ';
$file = fopen("2-7.php", "r");
// 输出文件句柄
var_dump($file);
// 初始化 CURL 句柄
echo '$url = curl_init("127.0.0.1") : ';
$url = curl_init("127.0.0.1");
// 输出 CURL 句柄
var_dump($url);
// 销毁文件句柄
unset($file);
// 输出文件句柄
var_dump($file);
// 输出 null
var_dump(null);
?>
```

特殊数据类型的使用运行结果如图 2-8 所示。

图 2-8　特殊数据类型的使用运行结果

代码展示了 PHP 中几种特殊的数据类型，包括文件句柄、CURL 句柄以及 null。文件句柄用于在 PHP 中访问外部文件，而 CURL 句柄则用于访问网络资源，这两者都属于资源类型。

2.2.4　数据类型判断

在实际使用中，可能需要明确数据的具体类型。为了完成这一任务，可以利用 PHP 提供的一系列数据类型判断函数，常用的数据类型判断函数如表 2-3 所示。

表 2-3　常用的数据类型判断函数

函数名	说明
is_array()	检测参数是否是数组
is_bool()	检测参数是否是布尔值
is_callable()	检测参数是否为合法的可调用结构

37

函数名	说明
is_float()	检测参数是否是浮点型
is_int()	检测参数是否是整型
is_iterable()	检测参数的内容是否是可迭代的值
is_null()	检测参数是否为 null
is_numeric()	检测参数是否为数字或数字字符串
is_object()	检测参数是否是对象
is_resource()	检测参数是否为资源类型
is_scalar()	检测参数是否是标量
is_string()	检测参数是否是字符串

【例 2-8】下面的代码演示了常用数据类型判断函数的使用。

```php
<?php
// 判断变量$x 是否为整型
$x = 2021;
echo '$x = 2021 , is_int($x) : ';
var_dump(is_int($x));

// 判断变量$y 是否为整型
$y = "2021";
echo '$y = "2021", is_int($y) : ';
var_dump(is_int($y));
// 判断变量$y 是否为数字或数字字符串
echo '$y = "2021", is_numeric($y) : ';
var_dump(is_numeric($y));

// 判断变量$movie_list 是否为可迭代的值
$movie_list = ["英雄儿女", "上甘岭", "闪闪的红星", "地道战"];
echo 'is_iterable($movie_list) : ';
var_dump(is_iterable($movie_list));

// 定义函数 my_fn()
function my_fn()
{
}
// 判断函数 my_fn()是否为合法的可调用结构
echo 'is_callable(my_fn) : ';
var_dump(is_callable('my_fn'));
?>
```

常用数据类型判断函数的使用运行结果如图 2-9 所示。

代码通过使用不同的函数来判断变量的类型和可迭代性，并使用 var_dump()函数输出判断结果。

数据类型判断函数会根据传入的值判断是否符合指定类型，如果是则返回 true，否则返回 false。变量$y 是一个包含数字的字符串，因此 is_int()函数返回 false，is_numeric()函数返回 true。变量 $movie_list 是数组类型，由于数组可以被迭代，因此 is_iterable()函数返回 true。而 my_fn()是一个可调用函数，因此 is_callable()函数返回 true。

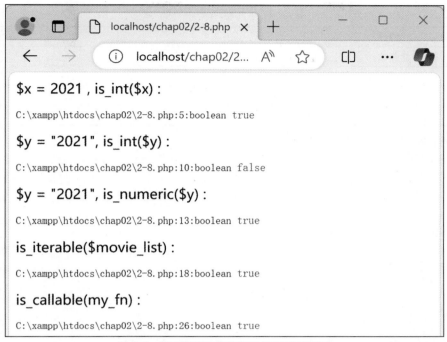

图 2-9　常用数据类型判断函数的使用运行结果

2.2.5　数据类型转换

PHP 是一种弱类型语言，不需要事先定义变量类型，而是根据所赋的值自动解析类型。在实际使用中，可能会遇到接收到的数据类型与所需数据类型不一致的情况，这时需要进行数据类型转换。

在下面这些情况下，PHP 会自动执行数据类型转换。

1. 转布尔值

在转布尔值时，若值为 0、0.0、"0"、空字符串、空数组、null 或创建失败的资源，就会被自动转换为 false；而非 0 数字、非空字符串、非空数组、对象和有效资源会被自动转换为 true。

2. 转数字

在进行算术运算时，布尔值的 false 会被转换成 0，true 会被转换成 1。

字符串会从左边开始转换为数字，直到遇到第一个非数字字符为止。例如，"12.3abc"在进行算术运算时会自动转换成浮点型值 12.3。

而在无法进行自动转换的情况下，就需要手动进行强制数据类型转换。强制数据类型转换有 3 种方式：使用()进行强制转换、使用专用数据类型转换函数和使用通用数据类型转换函数。

1. 使用()进行强制转换

要进行强制数据类型转换，可以在待转换的变量或值前面使用括号括起来以指定目标数据类型。例如，(int)3.14 表示将浮点型值 3.14 强制转换为整型值，结果为 3；(boolean)"PHP"表示将字符串 "PHP" 强制转换为布尔值，结果为 true。

2. 使用专用数据类型转换函数

PHP 提供了一系列专用数据类型转换函数，通过这些函数，可以将参数值转换成指定的数据类型。例如，intval(3.14)将浮点型值 3.14 转换为整型值，boolval("PHP")将字符串 "PHP" 转换为布尔值。专用数据类型转换函数如表 2-4 所示。

表 2-4　专用数据类型转换函数

函数名	说明
intval()	转换为整型（int）
boolval()	转换为布尔型（bool）
floatval()、doubleval()	转换为浮点型（float）
strval()	转换为字符串（string）

3. 使用通用数据类型转换函数

PHP 提供了一个通用数据类型转换函数 settype($value, $type)。该函数可以将第一个参数$value 的值转换成由第二个参数$type 指定的目标数据类型。如果转换成功，则$value 的值会发生变化，同时函数返回 true；如果失败，则函数返回 false。目标数据类型可以是 boolean、bool、int、integer、float、double、string、object 和 null。

【例 2-9】下面的代码演示了数据类型转换。

```php
<?php
//自动数据类型转换
echo '1 + "12.3abc" : ';
var_dump(1 + "12.3abc");
//强制转换
echo '(int)"12.3abc" : ';
var_dump((int)"12.3abc");
//专用数据类型转换函数
echo 'intval("12.3abc") : ';
var_dump(intval("12.3abc"));
//通用数据类型转换函数
echo '$v = "12.3abc"; settype($v,"int") : ';
$v = "12.3abc";
settype($v,"int");
var_dump($v);
?>
```

数据类型转换的运行结果如图 2-10 所示。

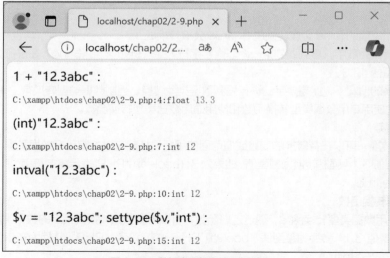

图 2-10　数据类型转换的运行结果

代码演示了在 PHP 中进行数据类型转换的 4 种方式：自动数据类型转换、使用()进行强制数据类型转换、使用专用数据类型转换函数和使用通用数据类型转换函数。表达式 1 + "12.3abc"会自动进行数据类型转换，将字符串"12.3abc"转换为浮点型 12.3，然后进行加法运算。强制数据类型转换运算符将字符串"12.3abc"转换为整型。intval()是一个专用的数据类型转换函数，将字符串"12.3abc"转换为整型。settype($v,"int")将变量$v 的值由原来字符串类型的"12.3abc"转换为整型的 12。

 **任务实践**

2.2.6　使用数组存放多部话剧的介绍信息

数组在编程中应用广泛，特别适用于存储和操作一组相关数据。通过数组，可以方便地组织、访问和修改多个值，使得处理大量数据更为灵活。数组常用于存储列表、集合、映射等结构，适用于需处理多个相关元素的情景，例如存储学生成绩、商品列表、用户信息等。其索引和关联这两种形式，为数据管理和操作提供了强大的工具，使得代码更具可读性和可维护性。

【例 2-10】使用数组存放多部话剧的介绍信息，代码如下。

```php
<?php
// 定义一个数组，用于存储话剧信息
$show_list = [
    [
        'title' => '上甘岭',
        'introduce' => '以上甘岭战役中的坑道为主场景，讲述了一群具有钢铁意志的志愿军战士，在断
粮断水、弹药缺乏、与组织失去通信联络的情况下，面对敌人的强大炮火英勇无畏、顽强坚守阵地的故事。',
        'logo' => './imgs/placeholder_1.png'
    ],
    [
        'title' => '东征',
        'introduce' => '讲述中共中央领导人率领中央工农红军完成二万五千里长征后，为进一步推动抗
日救亡运动，开始战略性东征这个历史性抉择的前后历程。',
        'logo' => './imgs/placeholder_2.png'
    ]
];
// 将话剧信息添加到数组中
$show_list[] = [
    'title' => '永不消逝的电波',
    'introduce' => '以李白烈士为原型，讲述了他潜伏于隐蔽战线 12 年，不幸牺牲在解放前夜的故事。',
    'logo' => './imgs/placeholder_3.png'
];

// 输出第一个话剧信息
echo <<<EOF
<h4 style="margin-bottom:0.5rem">《{$show_list[0]['title']}》</h4>
<div style="display:flex;">
    <img style="width:80px" src="{$show_list[0]['logo']}" title="《{$show_list[0]
['title']}》剧照"/>
    <p>{$show_list[0]['introduce']}</p>
</div>
```

```
EOF;
// 输出第二个话剧信息
echo <<<EOF
<h4 style="margin-bottom:0.5rem">《{$show_list[1]['title']}》</h4>
<div style="display:flex;">
    <img style="width:80px" src="{$show_list[1]['logo']}" title="《{$show_list[1]
['title']}》剧照"/>
    <p>{$show_list[1]['introduce']}</p>
</div>
EOF;
// 输出第三个话剧信息
echo <<<EOF
<h4 style="margin-bottom:0.5rem">《{$show_list[2]['title']}》</h4>
<div style="display:flex;">
    <img style="width:80px" src="{$show_list[2]['logo']}" title="《{$show_list[2]
['title']}》剧照"/>
    <p>{$show_list[2]['introduce']}</p>
</div>
EOF;
?>
```

使用数组存放多部话剧的介绍信息的运行结果如图 2-11 所示。

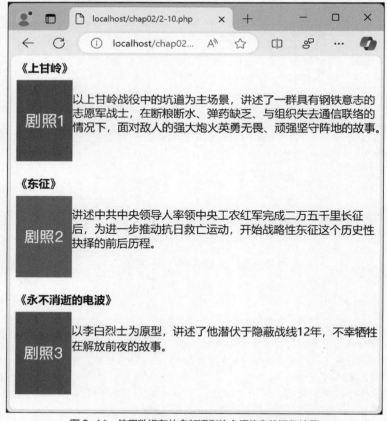

图 2-11　使用数组存放多部话剧的介绍信息的运行结果

代码定义了一个名为$show_list 的数组，用于存储话剧信息。数组中的每个元素都是一个关联数组，包含话剧的标题（title）、介绍（introduce）和剧照路径（logo）。然后，代码使用 echo 语句分别输出 3 个话剧的介绍，每个话剧信息都包含一个标题、一张图片和一段介绍。

注意，这段代码使用了 PHP 的 heredoc 语法，这样可以减少代码中的字符串拼接，使代码更简洁。

任务 2.3　认识变量与常量

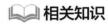 相关知识

2.3.1　变量的赋值

PHP 是一种动态弱类型语言，它允许在不声明变量类型的情况下直接为变量赋值。在 PHP 中，变量的类型由其存储的值自动确定。可以通过直接赋值、传值赋值和传引用赋值等多种方式对变量进行赋值。

1. 直接赋值

在 PHP 中，可使用赋值运算符"="为变量直接赋值。"="左侧是变量名，右侧是值，这个值可以是任何数据类型。具体用法如下。

```
$variable_name = "像海绵汲水一样汲取知识";
```

需要注意的是，虽然 PHP 支持中文变量名，但在实际开发中，通常建议使用英文变量名。

2. 传值赋值

当将一个变量的值赋给另一个变量时，实际上是在内存中创建了一个新的副本。这意味着两个变量虽然值相同，但它们是独立的。具体用法如下。

```
$variable_old="像海绵汲水一样汲取知识";
$variable_new = $variable_old;
```

3. 传引用赋值

传引用赋值将原有变量在内存中的存储地址交给另一个变量。这样，两个变量指向内存中的同一个存储地址。当任何一个变量的值被修改了，另一个变量的值会同步变化。传引用赋值的语法是使用&，具体用法如下。

```
$variable_old="像海绵汲水一样汲取知识";
$variable_new = &$variable_old;
```

这些赋值方式为 PHP 提供了灵活性，使得数据操作更加便捷。

【例 2-11】下面的代码演示了 PHP 的 3 种变量赋值方式的使用。

```php
<?php
// 直接赋值
$msg = "像海绵汲水一样汲取知识。";
// 创建变量$msg_1 和$msg_2，分别赋予变量$msg 值和引用
$msg_1 = $msg;
$msg_2 = &$msg;
echo "\$msg={$msg}<br>";
echo "\$msg_1={$msg_1}<br>";
echo "\$msg_2={$msg_2}<br>";
// 修改$msg_2 的值，观察$msg 和$msg_1 值的变化
$msg = "青年处于人生积累阶段，需要像海绵汲水一样汲取知识。";
```

```
echo "重新赋值后: <br>";
echo "\$msg={$msg}<br>";
echo "\$msg_1={$msg_1}<br>";
echo "\$msg_2={$msg_2}<br>";
?>
```

PHP 的 3 种变量赋值方式的使用运行结果如图 2-12 所示。

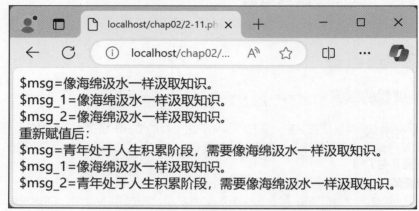

图 2-12　PHP 的 3 种变量赋值方式的使用运行结果

　　代码展示了在 PHP 中直接赋值、传值赋值和传引用赋值的区别。将一个字符串赋给变量$msg，创建变量$msg_1 并将变量$msg 的值赋给它，创建变量$msg_2 并将变量$msg 的引用赋给它。传值赋值会创建值的副本，而传引用赋值会创建对原始值的引用。在代码执行过程中，可以观察到变量的值是如何随着赋值和修改而变化的。

2.3.2　可变变量

　　PHP 中以一个美元符号"$"开头的变量表示普通变量，例如$variable；而以两个美元符号"$$"开头的变量是一种特殊变量，称为可变变量，例如$$variable。可变变量是将一个变量的值作为另外一个变量的名称，这种做法允许用户动态地改变一个变量的名字。

　　【例 2-12】下面的代码演示了可变变量的使用。

```
<?php
// 定义一个变量$key
$key = "movie_name";
// 定义一个可变变量$$key
$$key = "闪闪的红星";
// 输出变量$key 的值
echo "\$key=$key";
echo "<br>";
// 输出可变变量$$key 的值
echo "\$\$key={$$key}";
echo "<br>";
// 输出变量$movie_name 的值
echo "\$movie_name=$movie_name";
?>
```

可变变量的使用运行结果如图 2-13 所示。

图 2-13　可变变量的使用运行结果

代码展示了可变变量的使用。使用可变变量，可以根据一个变量的值来引用另一个变量。在这段代码中，变量$key 的值是 movie_name，所以可变变量$$key 实际上就是变量$movie_name。最后，使用 echo 语句输出了变量$key、可变变量$$key 和变量$movie_name 的值。

2.3.3　预定义变量

预定义变量是在 PHP 中提前定义好的变量，它们具有特殊的用途和含义。这些变量用于执行各种任务，如获取用户输入、管理会话、处理表单数据等。常用的预定义变量如表 2-5 所示。

表 2-5　常用的预定义变量

预定义变量	说明
$GLOBALS	用来存放全局可用预定义变量，数组类型
$_SERVER	用来存放服务器和执行环境信息，数组类型
$_GET	用来存放通过 GET 方式传递的参数，数组类型
$_POST	用来存放通过 POST 方式传递的参数，数组类型
$_FILES	用来存放通过 HTTP POST 方式上传的文件，数组类型
$_REQUEST	包含$_GET、$_POST 和$_COOKIE 的数组
$_SESSION	用来存放 SESSION 信息，数组类型
$_COOKIE	用来存放通过 HTTP Cookies 方式传递的参数，数组类型
$_ENV	用来存放服务器端环境变量，数组类型

预定义变量是 PHP 提供的预定义数组，这些数组非常特别，它们在全局范围内自动生效。这些变量在全局作用域中都是可用的，因此通常被称为自动全局变量或者超全局变量。

【例 2-13】下面的代码演示了预定义变量的使用。

```php
<?php
// 通过$GLOBALS 访问服务器信息
echo $GLOBALS["_SERVER"]["HTTP_HOST"];
echo "<br>";
// 通过$_SERVER 访问服务器信息
echo $_SERVER["HTTP_HOST"];
echo "<br>";
// 输出$GLOBALS 详细信息
var_dump($GLOBALS);
?>
```

预定义变量的使用运行结果如图 2-14 所示。

图2-14　预定义变量的使用运行结果

　　预定义变量都是数组，可以通过键名访问键值。$GLOBALS 变量可以通过数组键名访问其他预定义变量，其他预定义变量也能通过键名访问其内的值，例如$GLOBALS["_SERVER"]就是$_SERVER，因此$GLOBALS["_SERVER"]　["HTTP_HOST"] 的内容和 $_SERVER["HTTP_HOST"] 的内容都是 localhost。可以通过 var_dump()函数输出预定义变量里面具体的键名、键值。

2.3.4　常量简介

　　在 PHP 中，常量是那些在脚本执行期间值保持不变的标识符。与变量不同，常量在定义时不需要前缀，即美元符号。常量的命名规则遵循标识符的命名规则，要求只能使用字母、数字和下画线，并且不能以数字开头。为了提高可读性，常量名通常全部使用大写字母，并用下画线分隔单词。

　　常量一旦被定义，它们就具有全局作用域，这意味着可以在脚本的任何地方访问它们，而不受变量作用域的限制。这种特性使得常量非常适合用于定义配置值、路径、数据库连接信息等，这些值在整个应用程序中是固定不变的。常量被定义后，它的值不能被改变，尝试修改常量的值会导致致命错误。

　　在 PHP 中，常量可以通过两种方式定义：使用 const 关键字和使用 define()函数。

1. 使用 const 关键字

　　使用 const 关键字定义常量必须在顶层作用域中进行，即不能在函数或循环体内部进行。使用 const 关键字定义常量的示例如下。

```
const MOVIE_TYPE = "红色经典";
```

2. 使用 define()函数

define()函数允许在任何地方定义常量，包括在函数内部。

define($name, $value, $case_insensitive)函数接收 3 个参数：参数$name 是常量名，字符串类型；参数$value 是常量值，可以是任何数据类型；$case_insensitive 是可选的布尔值，用于指定常量名是否不区分大小写，默认为 false，表示区分大小写。使用 define()函数定义常量的示例如下。

```
define("MOVIE_TYPE", "闪闪的红星");
```

定义常量后，可以通过两种方式使用常量：直接使用常量名和通过 constant()函数。

【例 2-14】下面的代码演示了常量的使用。

```php
<?php
// 定义一个常量MOVIE_TYPE，值为"红色经典"
const MOVIE_TYPE = "红色经典";
// 定义一个常量MOVIE_NAME，值为"闪闪的红星"
define("MOVIE_NAME", "闪闪的红星");
// 输出电影分类
echo "<b>电影分类: </b>";
echo constant("MOVIE_TYPE");
echo "<br>";
// 输出电影名
echo "<b>电影名: </b>";
echo MOVIE_NAME;
?>
```

常量的使用运行结果如图 2-15 所示。

图 2-15　常量的使用运行结果

代码通过 const 关键字和 define()函数定义了两个常量，分别是 MOVIE_TYPE 和 MOVIE_NAME。然后通过直接使用常量名和 constant()函数的方式访问常量的值。

2.3.5　预定义常量与魔术常量

PHP 提供了一系列预定义常量，其中包括内核预定义常量和核心扩展库预定义常量。内核预定义常量（如 PHP_VERSION、PHP_INT_MAX、PHP_INT_MIN）用于提供关于当前 PHP 版本和整型值范围的信息；核心扩展库预定义常量是默认加载的。例如，数学库的 M_PI 表示圆周率，日期和时间库的 SUNFUNCS_RET_STRING 表示相关函数返回的格式。

预定义常量在使用时无须额外定义，可以直接在代码中使用。来自非核心扩展库的常量需要在 PHP 配置文件中加载相应库后才能使用。

魔术常量也是在 PHP 中预定义的常量，它们具有特殊的功能。魔术常量的名称通常以两个下画线"__"开始和结束，这是为了使它们区别于普通的常量，魔术常量有__LINE__、__FILE__、__DIR__等。普通预定义常量的值在程序运行过程中不会改变，而魔术常量的值可能会随着它们在代码中的位置发生变化而变化。这些魔术常量为程序员提供了在代码中获取相关信息的便捷方式。魔术常量及说明如表2-6所示。

表2-6　魔术常量及说明

常量	说明
__LINE__	文件中的当前行号
__FILE__	文件的完整路径和文件名。如果用在被包含文件中，则返回被包含的文件名
__DIR__	文件所在的目录。如果用在被包含文件中，则返回被包含的文件所在的目录
__FUNCTION__	当前函数的名称
__CLASS__	当前类的名称
__TRAIT__	trait 的名称
__METHOD__	类的方法名
__NAMESPACE__	当前命名空间的名称
ClassName::class	完整的类名

【例2-15】下面的代码演示了魔术常量的使用。

```php
<?php
// 定义一个常量__FILE__，值为2_15.php
define("__FILE__", "2_15.php");
// 输出直接访问的魔术常量__FILE__
echo "直接访问的魔术常量__FILE__: <br>";
echo __FILE__;
echo "<br>";
// 输出通过constant()访问的常量__FILE__
echo "通过constant()访问的常量__FILE__: <br>";
echo constant("__FILE__");
?>
```

魔术常量的使用运行结果如图2-16所示。

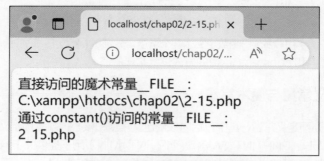

图2-16　魔术常量的使用运行结果

代码使用echo语句输出__FILE__常量的值。__FILE__是一个特殊的常量，它包含当前正在执行的PHP脚本的文件名。

define()和constant()函数允许用户定义及访问自己的常量，如果给它们传递了与系统提供的魔术常量名相同的常量名，那么会创建一个用户定义的常量，而不是访问魔术常量的值。例如，在图2-16所示的代码运行结果中，constant()函数得到的常量值与魔术常量值不同。这可能导致一些潜在的混淆，所以定义自定义常量时应该避免使用魔术常量名。

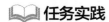 **任务实践**

2.3.6 使用常量存放话剧网页相关信息

自定义常量在 PHP 编程中有多种使用场景，它们通常用于提高代码的可读性、可维护性和灵活性。以下是一些常见的使用场景。

定义应用程序的配置参数，如数据库连接信息、应用程序接口（Application Program Interface，API）密钥等。这些值通常在应用程序的生命周期内保持不变。

在处理错误和异常时，常量可以用于定义错误码和消息，以提高代码的可读性和一致性。

常量可以用于存储站点的根 URL、文件路径等，以确保在不同部分代码中的使用一致。

【例 2-16】下面的代码演示了常量在网页开发中的使用。

```php
<?php
// 网站基本设置
define('SITE_NAME', '话剧社');
define('SITE_URL', 'http://localhost');
define('SITE_DESCRIPTION', '我们是一个充满激情和创意的戏剧团体，致力于为观众带来丰富多彩、感人至深的舞台表演。');

// 页面信息
define('HOME_PAGE', SITE_URL);
define('ABOUT_PAGE', SITE_URL . '/about');
define('CONTACT_PAGE', SITE_URL . '/contact');
?>
<!DOCTYPE html>
<html lang="en">

<head>
    <meta charset="UTF-8">
    <meta name="viewport" content="width=device-width, initial-scale=1.0">
    <meta name="description" content="<?= SITE_DESCRIPTION ?>">
    <title><?= SITE_NAME ?></title>
    <style>
        /* 头部样式 */
        header {
            background-color: #f2f2f2;
            padding: 10px;
            text-align: center;
        }

        header h1 {
            font-size: 24px;
            color: #333;
        }

        /* 导航菜单样式 */
        nav {
            margin-top: 20px;
        }
```

```
        nav ul {
            list-style: none;
            padding: 0;
        }

        nav ul li {
            display: inline-block;
            margin-right: 10px;
        }

        nav ul li a {
            text-decoration: none;
            color: #333;
            font-size: 16px;
        }

        nav ul li a:hover {
            color: #ff0000;
        }
    </style>
</head>

<body>
    <!-- 头部和菜单 -->
    <header>
        <h1><?= SITE_NAME ?></h1>
        <nav>
            <ul>
                <li><a href="<?= HOME_PAGE ?>">首页</a></li>
                <li><a href="<?= ABOUT_PAGE ?>">关于我们</a></li>
                <li><a href="<?= CONTACT_PAGE ?>">联系我们</a></li>
            </ul>
        </nav>
    </header>

</body>

</html>
```

常量在网页开发中的使用运行结果如图 2-17 所示。

图 2-17　常量在网页开发中的使用运行结果

代码实现的是一个简单的话剧社网站页面。代码先通过常量定义了一些基本的网站设置，如网站名称、网站超链接和网站描述等。在创建 HTML 页面时，使用了这些常量来显示网站名称、导航菜单等。例如，<title>标签使用了 SITE_NAME 常量，导航菜单使用了 HOME_PAGE、ABOUT_PAGE 和

CONTACT_PAGE 等常量。

常量的使用可以使得代码更加简洁和易于维护，因为可以通过修改常量的值来更改网站的基本信息和页面信息，而不需要修改代码中的每个引用。

任务 2.4 认识运算符与流程控制语句

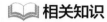 相关知识

2.4.1 算术运算符

算术运算符是编程语言中用于执行基本数学运算的符号，它们允许程序对变量或数值进行加、减、乘、除等操作。算术运算符如表 2-7 所示。

表 2-7　算术运算符

运算符	名称	示例	说明
+	加法运算符	$a + $b	计算运算符左边值加上运算符右边值得到的值
−	减法运算符	$a − $b	计算运算符左边值减去运算符右边值得到的值
*	乘法运算符	$a * $b	计算运算符左边值乘以运算符右边值得到的值
/	除法运算符	$a / $b	计算运算符左边值除以运算符右边值得到的商
%	取模运算符	$a % $b	计算运算符左边值除以运算符右边值得到的余数
**	求幂运算符	$a ** $b	计算$a 的$b 次方
−	取反运算符	− $a	计算运算符右边值的相反数

【例 2-17】下面的代码演示了算术运算符的基本用法。

```php
<?php
// 定义变量$a，赋值为 11
$a = 11;
// 定义变量$b，赋值为 2
$b = 2;
// 输出变量$a 和变量$b 的和
echo "$a+$b=" . ($a + $b) . "<br>";
// 输出变量$a 和变量$b 的差
echo "$a-$b=" . ($a - $b) . "<br>";
// 输出变量$a 和变量$b 的积
echo "$a*$b=" . ($a * $b) . "<br>";
// 输出变量$a 除以变量$b 得到的商
echo "$a/$b=" . ($a / $b) . "<br>";
// 输出变量$a 除以变量$b 得到的余数
echo "$a%$b=" . ($a % $b) . "<br>";
// 输出变量$a 的变量$b 次方
echo "$a**$b=" . ($a ** $b) . "<br>";
?>
```

算术运算符的使用运行结果如图 2-18 所示。

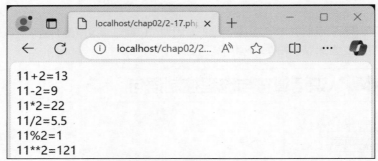

图2-18　算术运算符的使用运行结果

代码演示了 PHP 中的算术运算符的使用。首先，定义了两个变量$a 和$b，分别赋值为 11 和 2。然后，使用 echo 语句输出变量$a 和变量$b 的和、差、积等。

2.4.2　字符串连接运算符

在 PHP 中，点号 "." 是字符串连接运算符，它用于将两个或多个字符串值拼接在一起，创建一个新的字符串。这个运算符会将参与运算的值转换为字符串类型，然后将它们按顺序连接起来。

【例 2-18】下面的代码演示了字符串连接运算符的使用。

```php
<?php
// 定义电影类型
$movie_type = "红色电影";
// 定义电影名称
$movie_name = "闪闪的红星";
// 定义电影发行年份
$movie_publish_year = 1974;
// 输出电影类型、电影名称、发行年份
echo $movie_type . "《" . $movie_name . "》" . "上映于" . $movie_publish_year . "年";
?>
```

字符串运算符的使用运行结果如图 2-19 所示。

图2-19　字符串连接运算符的使用运行结果

代码定义了电影的类型、名称和发行年份。然后，使用字符串连接运算符来连接字符串，将它们拼接在一起。最后，使用 echo 语句输出拼接结果。

2.4.3　赋值运算符

在 PHP 中，赋值运算符 "=" 的作用是将右侧表达式的值赋给左侧的变量。这个操作会改变左侧变量的值，使其等于右侧表达式的值。此外，PHP 支持复合赋值运算符，这些运算符允许在赋值的同时进行其他类型的运算。赋值运算符如表 2-8 所示。

表 2-8　赋值运算符

运算符	名称	示例	说明
=	赋值运算符	$a = $b	将运算符右边$b 的值赋给左边的$a
+=	加法赋值运算符	$a += $b	将运算符两边的值相加的结果赋给左边的$a，等价于$a=$a+$b
-=	减法赋值运算符	$a -= $b	将运算符两边的值相减的结果赋给左边的$a，等价于$a=$a-$b
*=	乘法赋值运算符	$a *= $b	将运算符两边的值相乘的结果赋给左边的$a，等价于$a=$a*$b
/=	除法赋值运算符	$a /= $b	将运算符两边的值相除的结果赋给左边的$a，等价于$a=$a/$b
%=	取模赋值运算符	$a %= $b	将运算符两边的值取余数的结果赋给左边的 $a，等价于$a=$a%$b
**=	求幂赋值运算符	$a **= $b	将运算符两边的值求幂的结果赋给左边的$a，等价于$a=$a ** $b
.=	连接赋值运算符	$a .= $b	将运算符两边的值连接的结果赋给左边的$a，等价于$a=$a.$b

【例 2-19】下面的代码演示了赋值运算符的使用。

```php
<?php
// 定义变量$x，赋值为 2
$x = 2;
// 输出$x 的值
echo '$x=' . $x . '<br>';
// 将$x 的值赋给$y
$y = $x;
// 输出$y 的值
echo '$y = $x, $y=' . $y . '<br>';
// 将$x 加$y 的值赋给$y
$y += $x;
// 输出$y 的值
echo '$y+=$x, $y=' . $y . '<br>';
// 将$y 减$x 的值赋给$y
$y -= $x;
// 输出$y 的值
echo '$y-=$x, $y=' . $y . '<br>';
// 将$y 的$x 次方的值赋给$y
$y **= $x;
// 输出$y 的值
echo '$y**=$x, $y=' . $y . '<br>';
// 将$y 乘以$x 的值赋给$y
$y *= $x;
// 输出$y 的值
echo '$y*=$x, $y=' . $y . '<br>';
// 将$y 除以$x 的值赋给$y
$y /= $x;
// 输出$y 的值
echo '$y/=$x, $y=' . $y . '<br>';
// 将$y 除以$x 取余数的值赋给$y
$y %= $x;
// 输出$y 的值
```

```
echo '$y%=$x, $y=' . $y . '<br>';
// 将$x 拼接到$y 上的值赋给$y
$y .= $x;
// 输出$y 的值
echo '$y .=$x, $y=' . $y . '<br>';
?>
```

赋值运算符的使用运行结果如图 2-20 所示。

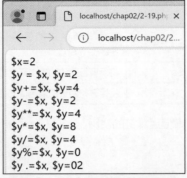

图 2-20   赋值运算符的使用运行结果

代码实现了变量$x 和$y 的基本运算操作，包括赋值、加法、减法、乘法、除法、取模、幂运算和字符串拼接等。需要注意，$y .= $x 会将两个变量的整型值转换成字符串类型的值，然后做字符串连接运算。字符串连接运算符运算前，$y 的值是数字 0，$x 的值是数字 2，所以输出$y 的结果是字符串 02。

2.4.4   位运算符

位运算符在 PHP 中用于对整型值的二进制表示进行操作。在进行位运算时，需要考虑计算机系统中数值的表示方式。在大多数现代计算机系统中，整型值是以补码形式存储的。这意味着正数的补码是二进制原码；负数的补码通过取其正数的二进制原码，然后逐位取反，最后加 1 得到。PHP 中的位运算符如表 2-9 所示。

表 2-9   位运算符

运算符	名称	示例	说明
&	按位与运算符	$a & $b	将$a 和$b 转换成二进制表示后进行按位与运算。如果参加运算的位都为 1，则结果为 1，否则结果为 0
|	按位或运算符	$a | $b	将$a 和$b 转换成二进制表示后进行按位或运算。如果参加运算的位有一个为 1，则结果为 1，否则结果为 0
^	按位异或运算符	$a ^ $b	将$a 和$b 转换成二进制表示后进行按位异或运算。如果参加运算的位不相同，则结果为 1，否则结果为 0
~	按位取反运算符	~ $a	将$a 转换成二进制表示后进行按位取反运算。参与运算的位是 1，结果就是 0；参与运算的位是 0，结果就是 1
<	左移运算符	$a << $b	将$a 转换成二进制表示后左移$b 位
>	右移运算符	$a >> $b	将$a 转换成二进制表示后右移$b 位

【例 2-20】下面的代码演示了位运算符的使用。

```
<?php
$a = 10;
```

```
$b = -10;
// 按位与运算
echo "$a & $b =", $a & $b, "<br>";
// 按位或运算
echo "$a | $b =", $a | $b, "<br>";
// 按位异或运算
echo "$a ^ $b =", $a ^ $b, "<br>";
// 按位取反运算
echo "~$a =", ~$a, "<br>";
// 左移运算
echo "$a << 2 = ", $a << 2, "<br>";
// 右移运算
echo "$a >> 2 = ", $a >> 2, "<br>";
?>
```

位运算符的使用运行结果如图 2-21 所示。

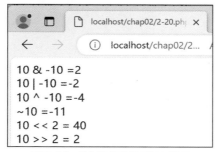

图 2-21　位运算符的使用运行结果

代码展示了 PHP 中的位运算符的使用。首先，定义了两个变量$a 和$b，分别赋值为 10 和-10。然后，代码依次执行了按位与运算、按位或运算、按位异或运算、按位取反运算、左移运算和右移运算，并将结果输出。

在 PHP 中，位运算符直接对变量的二进制补码表示进行操作，而不需要手动转换原码和补码。PHP 会自动处理这些细节，所以不需要在位运算前后进行原码和补码的转换。在实际编程中，只需要关注位运算符的逻辑，而不需要担心底层的原码和补码转换。当需要将结果转换回十进制表示时，PHP 会自动处理补码到十进制的转换。

2.4.5　自增运算符和自减运算符

自增运算符"++"和自减运算符"--"在 PHP 中分为前置和后置两种形式，具体取决于运算符相对于变量的位置。前置自增（自减）运算符在变量前面，而后置自增（自减）运算符在变量后面。自增运算符和自减运算符如表 2-10 所示。

表 2-10　自增运算符和自减运算符

名称	示例	说明
前置自增运算符	++$a	先将$a 的值加 1，结果赋给$a，再返回$a 的值
前置自减运算符	--$a	先将$a 的值减 1，结果赋给$a，再返回$a 的值
后置自增运算符	$a++	先返回$a 的值，再将$a 的值加 1，结果赋给$a
后置自减运算符	$a--	先返回$a 的值，再将$a 的值减 1，结果赋给$a

【例 2-21】下面的代码演示了自增运算符和自减运算符的使用。

```php
<?php
// 定义变量$a，赋值为 10
$a = 10;
// 将$a 的值自增 1，并将结果赋给$b
$b = ++$a;
// 将$a 的值自减 1，并将结果赋给$c
$c = --$a;
// 将$a 的值赋给$d，并将结果减 1 赋值给$a
$d = $a--;
// 将$a 的值赋给$e，并将结果加 1 赋值给$a
$e = $a++;
// 输出变量$a 的值
echo '$a=' . $a . "<br>";
// 输出变量$b 的值
echo '$b=' . $b . "<br>";
// 输出变量$c 的值
echo '$c=' . $c . "<br>";
// 输出变量$d 的值
echo '$d=' . $d . "<br>";
// 输出变量$e 的值
echo '$e=' . $e . "<br>";
?>
```

自增运算符和自减运算符的使用运行结果如图 2-22 所示。

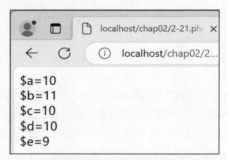

图 2-22　自增运算符和自减运算符的使用运行结果

代码展示了一些关于自增运算符和自减运算符的示例。

首先，定义了一个变量$a，并将其赋值为 10。接着，使用++$a 将$a 的值自增 1，并将结果赋给变量$b。因此，$b 的值为 11，而$a 的值也变成了 11。

然后，使用--$a 将$a 的值自减 1，并将结果赋给变量$c。因此，$c 的值为 10，而$a 的值变成了10。

接下来，将$a 的值赋给变量$d，然后将$a 的值减 1。因此，$d 的值为 10，而$a 的值变成了 9。

最后，将$a 的值赋给变量$e，然后将$a 的值加 1。因此，$e 的值为 9，而$a 的值变成了 10。

2.4.6　逻辑运算符

逻辑运算符在 PHP 中用于根据两个或多个表达式的值计算出一个布尔值。这些运算符通常用于流程控制（如条件判断和循环判断）语句中，以决定程序的执行路径。逻辑运算符如表 2-11 所示。

表 2-11　逻辑运算符

运算符	名称	示例	说明
and	逻辑与	$a and $b	当$a 和$b 的运算结果都为 true 时，运算结果为 true，否则结果为 false
or	逻辑或	$a or $b	当$a 和$b 的运算结果至少有一个为 true 时，运算结果为 true，否则结果为 false
xor	逻辑异或	$a xor $b	当$a 和$b 的运算结果相反时，运算结果为 true，否则结果为 false
!	逻辑非	!$a	当$a 为 true 时，运算结果为 false；当$a 为 false 时，运算结果为 true
&&	逻辑与	$a && $b	当$a 和$b 的运算结果都为 true 时运算结果为 true，否则结果为 false
||	逻辑或	$a || $b	当$a 和$b 的运算结果至少有一个为 true 时，运算结果为 true，否则结果为 false

这些逻辑运算符在条件语句中可用于判断多个条件的组合，示例代码如下。

```
if ($a > 0 && $b < 10) {
    // 如果 $a 大于 0 且 $b 小于 10，则执行这里的代码
}

if ($x == 0 || $y == 0) {
    // 如果 $x 等于 0 或 $y 等于 0，则执行这里的代码
}

if (!$isLogged) {
    // 如果用户未登录，则执行这里的代码
}
```

短路求值是指在逻辑运算中，如果表达式的结果可以确定，那么后续的表达式将不再进行计算。在 PHP 中，逻辑运算符"and"和"or"具有短路求值的特性。

在进行逻辑与运算时，如果左侧表达式的值为 false，则整个表达式的结果为 false，右侧操作数将不再被计算。

在进行逻辑或运算时，如果左侧表达式的值为 true，则整个表达式的结果为 true，右侧操作数将不再被计算。

2.4.7　比较运算符

PHP 提供了多种比较运算符，它们用于比较两个值，得出它们之间的关系。具体的比较运算符如表 2-12 所示。

表 2-12　比较运算符

运算符	名称	示例	说明
==	等于运算符	$a == $b	如果$a 和$b 的值相等，则返回 true，否则返回 false
===	全等于运算符	$a === $b	如果$a 和$b 的值相等且数据类型相同，则返回 true，否则返回 false
!=	不等于运算符	$a != $b	如果$a 和$b 的值不相等，则返回 true，否则返回 false
<>	不等于运算符	$a <> $b	如果$a 和$b 的值不相等，则返回 true，否则返回 false
!==	不全等于运算符	$a !== $b	如果$a 和$b 的值不相等或者类型不同，则返回 true，否则返回 false
<	小于运算符	$a < $b	如果$a 的值小于$b 的值，则返回 true，否则返回 false
<=	小于等于运算符	$a <= $b	如果$a 的值小于或等于$b 的值，则返回 true，否则返回 false

续表

运算符	名称	示例	说明
>	大于运算符	$a > $b	如果$a的值大于$b的值，则返回true，否则返回false
>=	大于等于运算符	$a >= $b	如果$a的值大于或等于$b的值，则返回true，否则返回false
<=>	组合比较符	$a <=> $b	如果$a的值小于$b的值，返回-1；如果$a的值等于$b的值，则返回0；如果$a的值大于$b的值，则返回1

使用这些比较运算符，可以方便地进行各种值之间的比较，从而实现条件判断和流程控制。

【例2-22】下面的代码演示了比较运算符的使用。

```php
<?php
// 定义变量$a和$b，分别赋值为1和字符串"1"
$a = 1;
$b = "1";
// 输出比较$a和$b的结果
echo '1 == "1" :';
var_export($a == $b);
echo "<br>";
echo '1 ==="1" :';
var_export($a === $b);
echo "<br>";
echo '1 !== "1" :';
var_export($a !== $b);
echo "<br>";
echo '1 <=> "1" :';
var_export($a <=> $b);
?>
```

比较运算符的使用运行结果如图2-23所示。

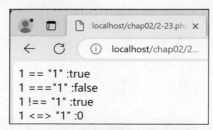

图2-23 比较运算符的使用运行结果

代码演示了比较运算符的使用，其中 var_export()函数可以输出布尔值的可解析字符串。当数字 1 和字符串"1"进行比较运算时，会发生自动类型转换，转换后它们的值相等。因此，"=="的运算结果为 true；"==="是全等于运算，由于类型不同，所以结果为 false；"!=="是不全等于运算，由于值相同，但是类型不同，所以结果为 true；"<=>"组合比较运算符由于值相等，所以返回 0。

2.4.8 其他运算符

1. 条件运算符

条件运算符是 PHP 中唯一的三元运算符，也称为三元条件运算符，它的基本语法如下。

```
$result = (表达式1) ? 表达式2 : 表达式3;
```

它的工作原理是，如果表达式 1 成立，则$result 取表达式 2 的值，否则取表达式 3 的值，可在一行中实现简单的逻辑判断，示例代码如下。

```
$age = 25;
$message = ($age >= 18) ? "成年人" : "未成年人";
echo $message;  // 输出：成年人
```

三元运算符的简洁性使其在某些情况下更易于阅读和编写，但过度使用则可能会导致代码难以理解。因此，最好在简单的情况下使用，以保持代码的清晰度。

2. 空值合并运算符

"??"是 PHP 7 引入的空值合并运算符。它提供了一种简便的方式来处理变量可能为 null 的情况，可用于给变量赋予默认值，它的基本语法如下。

```
$result= $value ?? $default;
```

它的工作原理是，如果$value 存在且不为 null，则$result 被赋值为$value，否则$result 被赋值为$default。

空值合并运算符可以简化对变量是否为 null 的判断，使代码更为简洁。在许多情况下，它可以代替传统的三元运算符来提供默认值。

3. 错误抑制运算符

错误抑制运算符"@"用于抑制 PHP 输出的警告信息。在表达式或语句前添加"@"，可以阻止 PHP 将相关的错误信息显示到屏幕上。

要看到错误抑制运算符的效果，可以修改 php.ini 配置文件中的以下几个配置项。

```
error_reporting = E_ALL
display_errors = On
html_errors = On
```

修改 php.ini 文件后，需要将 Web 服务器重新启动，以使更改生效。此外，应谨慎使用错误抑制运算符，因为它可能掩盖代码中的潜在问题，使得调试和维护变得更为困难。

2.4.9 运算符优先级

在 PHP 中，当同一条语句中出现不同的运算符时，运算符的优先级决定了它们执行的先后顺序。优先级高的运算符先执行，而优先级低的运算符后执行。如果两个运算符的优先级相同，则进一步考虑运算符的结合方向。表 2-13 按照优先级从高到低列出了运算符，同一行中的运算符具有相同优先级。

表 2-13　运算符优先级

运算符优先级	运算符
1	()
2	**
3	+、-、++、--、~、@
4	!
5	*、/、%
6	+、-、.
7	<<、>>
8	<、<=、>=、>
9	==、!=、<>、===、!==
10	&

运算符优先级	运算符
11	^
12	|
13	&&
14	||
15	??
16	?:
17	=、+=、-=、*=、**=、/=、.=、%=
18	and
19	xor
20	or

例如，在表达式 5 + 1 * 3 中，乘法运算符"*"的优先级高于加法运算符"+"，所以先计算 1 * 3，然后加 5，得到结果 8。

如果两个运算符的优先级相同，那么结合方向决定了哪个先执行。比如，赋值运算符"="是右结合的，所以表达式$a=$b=1 先将 1 赋给$b，然后将$b 的值赋给$a。具体的优先级和结合方向可以通过查阅 PHP 官方文档来确认。

运算符中括号"()"的优先级是最高的，所以在比较复杂的运算表达式中，建议使用括号明确标识运算顺序，以提高代码可读性。

2.4.10 使用条件语句

流程控制语句在编程中用于控制程序的执行流程。PHP 中有多种流程控制语句，主要有条件语句、循环语句，以及跳转语句。

条件语句在编程中的作用是根据给定的条件执行不同的代码块。它允许程序根据不同的情况采取不同的行动，从而实现灵活的控制流程。条件语句的主要内容如下。

1. if 语句

if 语句可以控制程序在符合条件的时候执行特定的代码块。if 语句的语法结构如下。

```
if(条件判断表达式){
    // if 语句成立时，执行代码块中的代码
}
```

只有当 if 语句中条件判断表达式的值为 true 时，if 语句对应代码块中的代码才会被执行，否则 if 语句对应的代码块不执行。

2. else 语句

else 语句需要配合 if 语句使用，表示 if 语句的判断条件不符合时执行的代码块。if-else 语句的语法结构如下。

```
if(条件判断表达式){
    // 条件判断表达式值为 true 时，执行代码块中的代码
}else{
    // 条件判断表达式值为 false 时，执行代码块中的代码
}
```

当 if 语句条件判断表达式的值为 true 时，if 语句对应代码块中的代码会被执行，否则 else 语句对应的代码块被执行。

3. elseif 语句

elseif 语句也需要配合 if 语句使用，当 if 条件不成立时，进一步对 elseif 语句进行条件判断。如果 elseif 条件成立，就执行 elseif 的代码块。if-elseif 语句的语法结构如下。

```
if(条件判断表达式 1){
    // 条件判断表达式 1 的值为 true 时，执行代码块中的代码
}elseif(条件判断表达式 2){
    // 条件判断表达式 1 的值为 false 时，才进行条件判断表达式 2 的判断
    // 条件判断表达式 2 的值为 true 时，执行代码块中的代码
}
```

一条 if 语句可以配合多条 elseif 语句和最多一条 else 语句使用。组合使用时，elseif 语句只有在前面的条件判断表达式结果都为 false 时才会判断执行。else 语句只能放在最后，前面所有的条件判断表达式结果都为 false 才会执行。if-elseif-else 语句的语法结构如下。

```
if(条件判断表达式 1){
    // 条件判断表达式 1 的值为 true 时，执行代码块中的代码
}elseif(条件判断表达式 2){
    // 条件判断表达式 1 的值为 false 时，才进行条件判断表达式 2 的判断
    // 条件判断表达式 2 的值为 true 时，执行代码块中的代码
}elseif(条件判断表达式 3){
    // 条件判断表达式 1、条件判断表达式 2 的值为 false 时，才进行条件判断表达式 3 的判断
    // 条件判断表达式 3 的值为 true 时，执行代码块中的代码
}else{
    // 前面的条件判断表达式的值都为 false 时，执行代码块中的代码
}
```

4. switch 语句

switch 语句是一种多分支的条件语句，用于将一个表达式的值与多个可能的情况进行比较。switch 语句的语法结构如下。

```
switch (表达式) {
    case value1:
        // 当表达式的值等于 value1 时执行的代码
        break;
    case value2:
        // 当表达式的值等于 value2 时执行的代码
        break;
    // 可以有更多的 case 语句
    default:
        // 当表达式的值不匹配任何 case 时执行的代码
}
```

在 switch 语句中，表达式的值是待比较的值，而每个 case 后面的 value 是可能的值。如果表达式的值等于某个 case 后面的值，就会从对应的代码块开始往下执行，如果没有碰到 break 语句，就会一直执行其后所有的代码块。break 语句用于终止 switch 语句，防止执行后续的 case 或 default 代码块。

如果没有匹配的 case，则可以使用 default。它是可选的，表示当所有 case 都不匹配时执行的

代码块。

【例 2-23】下面的代码演示了 if 条件语句的使用。

```php
<?php
// 定义一个变量$score，赋值为 95
$score = 95;
echo "考试分数是{$score}，表现";
// 判断$score 的值，大于或等于 90，为优秀；大于或等于 70，为良好；否则为需要努力
if ($score >= 90) {
    echo "优秀";
} elseif ($score >= 70) {
    echo "良好";
} else {
    echo "需要努力";
}
?>
```

if 条件语句的使用运行结果如图 2-24 所示。

图 2-24　if 条件语句的使用运行结果

在这个例子中，会根据不同的分数输出不同的提示信息。if 条件语句允许程序根据不同的条件执行不同的逻辑，从而灵活地控制程序执行。

【例 2-24】下面的代码演示了 switch 语句的使用。

```php
<?php
// 生成一个 0~4 的随机整型值
$a = random_int(0, 4);
// 输出$a 的值
echo '$a 的值是' . $a . "<br>";
// 根据$a 的值输出不同的字符串
switch ($a) {
    case false:
        echo "A";
    case "1":
        echo "B";
    case 2.0:
        echo "C";
    case 3:
        echo "D";
    default:
        echo "E";
}
?>
```

switch 语句的使用运行结果如图 2-25 所示。注意，case 后边没有 break 时，会继续往下执行后续 case。

图 2-25　switch 语句的使用运行结果

代码使用 random_int() 函数生成 0~4 的随机整型值，并将其作为 switch 语句的待比较值。switch 语句中包含多个 case 分支，分别对应布尔值 false、字符串 "1"、浮点型值 2.0 和整型值 3。观察代码的运行结果，可以发现不同类型的 case 值都能够和待比较值匹配。这是因为 PHP 的 switch 语句使用的是值相等匹配，在匹配时会自动进行类型转换和比较。

2.4.11　使用循环语句

PHP 提供了多种类型的循环语句，允许程序按照特定条件多次执行一段代码块。以下是 PHP 中常用的循环语句。

1. while 循环语句

while 循环语句的作用是对条件判断表达式的值进行判断，如果值为 true，则执行 while 语句对应的代码块；执行完毕后，再次对条件判断表达式的值进行判断。这个过程会一直重复，直到条件判断表达式的值为 false，此时跳过 while 语句对应的代码块，继续执行后续的代码。while 循环语句的语法结构如下。

```
while(条件判断表达式){
    // 条件判断表达式的值为 true，执行代码块中的代码
}
```

2. do-while 循环语句

do-while 循环语句的功能与 while 循环语句相似，都是根据条件判断表达式的值来决定是否循环执行代码块。然而，它们的关键区别在于执行循环体之前的条件判断时机。

对于 do-while 循环，会先执行一次代码块，然后在执行完毕后进行条件判断；如果条件判断表达式的值为 true，则重新执行代码块。这个过程会一直重复，直到条件判断表达式的值为 false。如果条件判断表达式的值为 false，则跳过 do-while 语句对应的代码块，继续执行后续的代码。因此，do-while 循环确保至少执行一次循环体。do-while 循环语句的语法结构如下。

```
do{
    //代码块
}while(条件判断表达式);
```

3. for 循环语句

for 循环是一种常见的循环结构，它允许程序重复执行一段代码直到满足某个条件。for 循环通常用于迭代数组、列表或其他可迭代对象，或者在需要固定次数的重复操作时使用。for 循环的基本结构通常包括初始化表达式、循环条件和迭代表达式。for 循环语句的语法结构如下。

```
for(表达式 1;表达式 2;表达式 3){
    //表达式 2 的值为 true 时执行代码块
}
```

表达式 1 是初始化表达式，在循环开始之前执行一次，通常用于初始化循环计数器或设置起始值。

表达式 2 为循环条件，在每次循环迭代之前检查。如果值为 true，则执行循环体；如果值为 false，则退出循环。

表达式 3 是迭代表达式，在每次循环迭代之后执行，通常用于更新循环计数器或移动到下一个循环迭代。

4. foreach 循环语句

foreach 循环允许遍历数组中的每个元素，而无须手动管理索引。foreach 循环语句的基本语法结构如下。

```
foreach($arr as $value){
    //循环代码块
}
```

上面的结构遍历数组$arr 中所有的元素，每次取出一个元素赋值给变量$value，在循环代码块中可以直接使用变量$value。

如果需要同时访问数组的键和值，则可以使用下面的语法结构。

```
foreach($arr as $key => $value){
    //循环代码块
}
```

上面的语法结构遍历数组$arr 中所有的元素，每次取出一个键名和对应的元素值，键名赋给变量$key，元素值赋给变量$value，在循环代码块中可以直接使用变量$key 和$value。

foreach 循环的主要优点是提供了一种简洁的方式来处理数组中的元素，而不需要手动管理索引，这降低了代码的复杂性和出错的可能性。

【例 2-25】下面的代码演示了 while 循环语句的使用。

```php
<?php
// 定义一个数组，包含社会主义核心价值观的 12 个词
$arr = ["富强", "民主", "文明", "和谐", "自由", "平等", "公正", "法治", "爱国", "敬业", "诚信", "友善"];
// 定义一个变量$i，用来记录数组中元素的索引
$i = 0;
// 当$i 小于数组中元素的个数时，循环执行以下操作
while ($i < count($arr)) {
    // 输出数组中第$i 个元素
    echo $arr[$i];
    // 当$i 除以 4 的余数为 3 时，换行
    if ($i % 4 == 3) {
        echo "<br>";
    } else {
        // 否则，输出空格
        echo " ";
    }
    $i++;
}
// 输出标题
echo " —— 社会主义核心价值观";
?>
```

while 循环语句的使用运行结果如图 2-26 所示。

图 2-26　while 循环语句的使用运行结果

代码定义了一个包含社会主义核心价值观 12 个词的数组。然后，使用 while 循环来遍历数组中的元素，并输出每个元素。循环中的 if 语句用于在每输出 4 个元素后换行，否则输出一个空格。while 循环结束后，输出标题。

【例 2-26】下面的代码演示了 for 循环语句的使用。

```php
<?php
// 定义一个数组，用来存储十二生肖的名称
$arr = ["子（鼠）", "丑（牛）", "寅（虎）", "卯（兔）", "辰（龙）", "巳（蛇）", "午（马）",
"未（羊）", "申（猴）", "酉（鸡）", "戌（狗）", "亥（猪）"];
// 遍历数组，输出每个生肖的名称
for ($i = 0; $i < count($arr); $i++) {
    echo $arr[$i];
    // 如果当前索引除以 4 余 3，则换行
    if ($i % 4 == 3) {
        echo "<br>";
    } else {
        // 否则，输出空格
        echo " ";
    }
}
// 输出标题
echo " —— 十二生肖";
?>
```

for 循环语句的使用运行结果如图 2-27 所示。

图 2-27　for 循环语句的使用运行结果

代码定义了一个数组，用来存储十二生肖的名称。然后通过 for 循环遍历数组，输出每个生肖的名称。循环中的 if 语句用于在每输出 4 个元素后换行，否则输出一个空格。for 循环结束后，输出标题。

【例 2-27】下面的代码演示了 foreach 循环语句的使用。

```php
<?php
// 定义一个包含中国传统文化元素的数组
$arr = ["书法", "武术", "京剧", "中医", "丝绸", "茶", "瓷器", "围棋", "刺绣", "剪纸"];
```

```
// 遍历数组
foreach ($arr as $key=>$value) {
    // 输出数组中的元素
    echo $value ;
    // 判断$key 的值是否为奇数，如果是奇数则输出换行符，否则输出空格
echo $key%2==1? "<br>": " ";
}
// 输出字符串
echo "—— 中国传统文化";
?>
```

foreach 循环语句的使用运行结果如图 2-28 所示。

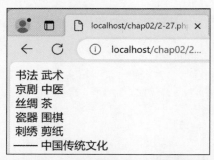

图 2-28　foreach 循环语句的使用运行结果

　　代码定义了一个数组，其中包含一些中国传统文化元素。然后使用 foreach 循环遍历数组，对于每个元素，首先输出元素的值，接着根据$key 的值判断是否为奇数，如果是奇数则输出换行符，否则输出空格。foreach 循环结束后，输出标题。

2.4.12　使用跳转语句

　　跳转语句是编程语言中的一类特殊指令，它们允许程序控制流在执行过程中跳转到程序的其他部分，而不是按照正常的顺序执行。跳转语句在循环、条件判断、异常处理等场景中非常有用，它们可以改变程序的执行流程，实现更复杂的逻辑控制。以下是一些常见的跳转语句。

　　1. break 语句

　　break 语句是一种控制流语句，用于在循环或 switch 语句中提前终止执行。PHP 中，break 语句可以接收一个数字的可选参数，用于决定跳出几重循环。没有提供可选参数时默认值是 1，仅跳出最近一层嵌套结构。

　　2. continue 语句

　　continue 语句用于在循环语句中提前结束当前迭代，并立即开始下一次迭代。continue 仅在循环中有效，不能用于 switch 语句，不接收参数。

　　3. goto 语句

　　goto 语句允许程序无条件跳转到指定的位置，通常与条件语句结合，用于实现复杂的控制流程，如循环和跳转。尽管 goto 语句提供了强大的控制能力，但由于可能导致代码难以理解和维护，因此通常推荐避免使用。

　　4. return 语句

　　return 语句用于从函数中返回一个值，并立即结束函数的执行。在没有返回值的情况下，return 语句也可用于提前结束函数。

5. throw 语句

throw 语句用于抛出异常，这会导致程序执行流程中断，并可以被 try-catch 块捕获处理。

【例 2-28】下面的代码演示了跳转语句的使用。

```php
<?php
// 定义变量$i，初始值为1
$i = 1;
// 循环执行，直到$i 不满足条件
while (true) {
    // 如果$i 等于 50，则跳出循环
    if($i==50){
        break;
    }
    // 如果$i 除以 7 余数不等于 0，则$i 自增 1，继续循环
    if ($i % 7 != 0) {
        $i++;
        continue;
    }
    // 否则，输出$i 并跳出循环
    echo $i . "能被 7 整除<br>";
    $i++;
}
?>
```

跳转语句的使用运行结果如图 2-29 所示。

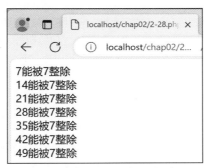

图 2-29 跳转语句的使用运行结果

代码使用了 while 循环语句、条件语句和跳转语句来实现输出 50 以内能被 7 整除的数字的功能。代码首先定义了一个变量$i，初始值为 1。然后，代码进入一个循环，直到满足某个条件才跳出循环。在循环内部，代码首先检查$i 是否等于 50，如果是，则使用 break 语句跳出循环。接下来，代码检查$i 除以 7 的余数是否不等于 0，如果是，则将$i 自增 1，并使用 continue 语句继续下一次循环。最后，如果$i 能被 7 整除，代码会输出$i 的值，并使用 echo 语句将结果输出。然后，$i 再次自增 1。这个过程会一直重复，直到$i 等于 50 为止。

📖 **任务实践**

2.4.13 使用流程控制的替代语法输出话剧信息

PHP 中，流程控制的替代语法是一种在流程控制语句中更清晰地表达代码块的方法。这种替代语法

使用冒号 ":" 替代左大括号 "{"，并使用关键字 endif、endwhile、endfor、endforeach 以及 endswitch 来表示代码块的结束。常用的流程控制的替代语法结构如下。

```php
// if 语句的替代语法
if (条件):
    // if 代码块
else:
    // else 代码块
endif;

// while 语句的替代语法
while (条件):
    // while 代码块
endwhile;

// for 语句的替代语法
for (表达式 1; 表达式 2; 表达式 3):
    // for 代码块
endfor;

// foreach 语句的替代语法
foreach ($arrays as $key=>$value):
    // foreach 代码块
endforeach;
```

使用替代语法的主要优势是增强了代码的可读性，使代码块的开始和结束更加清晰，尤其是在包含嵌套结构的情况下。当有多层嵌套结构时，传统的大括号 "{}" 可能导致代码缩进深度过大，引起视觉混乱，使得代码难以阅读。替代语法在这种情况下提供了更清晰的代码结构。

【例 2-29】下面的代码演示了使用流程控制的替代语法输出话剧信息。

```php
<!DOCTYPE html>
<html lang="zh-CN">
<?php
// 话剧标题
$title = "上甘岭";
// 话剧介绍
$introduce = "该话剧以上甘岭战役中的坑道为主场景，讲述了一群具有钢铁意志的志愿军战士，在断粮断水、弹药缺乏、与组织失去通信联络的情况下，面对敌人的强大炮火英勇无畏、顽强坚守阵地的故事。";
// 话剧剧照
$imgs = ["./imgs/placeholder_1.png", "./imgs/placeholder_2.png", "./imgs/placeholder_3.png"];
// 演出时间数组
$times = ["11 月 11 日 19:30", "11 月 12 日 19:30", "11 月 13 日 19:30", "11 月 14 日 19:30", "11 月 15 日 19:30"];
?>

<head>
    <meta charset="UTF-8">
    <meta name="viewport" content="width=device-width, initial-scale=1.0">
    <title>话剧《<?= $title ?>》介绍</title>
```

```
<style>
    body {
        font-family: 'Arial', sans-serif;
        margin: 0;
        padding: 0;
        background-color: #f4f4f4;
    }

    .container {
        max-width: 1200px;
        margin: auto;
        padding: 0 20px;
    }

    header {
        background: #333;
        color: #fff;
        padding: 20px 0;
        text-align: center;
    }

    header h1 {
        margin: 0;
        font-size: 2.5rem;
    }

    nav {
        background: #e8491d;
        padding: 10px 0;
    }

    nav ul {
        list-style: none;
        padding: 0;
        display: flex;
        justify-content: center;
    }

    nav li {
        margin: 0 20px;
    }

    nav a {
        color: #fff;
        text-decoration: none;
        font-size: 1.2rem;
    }

    nav a:hover {
        text-decoration: underline;
    }

    .main-content {
        margin: 40px 0;
    }
```

```
        .image-gallery {
            display: flex;
            flex-wrap: wrap;
            justify-content: space-around;
            gap: 20px;
        }

        .image-gallery img {
            max-width: 300px;
            border: 1px solid #ccc;
            padding: 5px;
        }

        footer {
            background-color: #333;
            color: #fff;
            text-align: center;
            padding: 20px 0;
        }
    </style>
</head>

<body>
    <header>
        <h1>话剧《<?= $title ?>》介绍</h1>
    </header>

    <nav>
        <ul>
            <li><a href="#">首页</a></li>
            <li><a href="#">关于我们</a></li>
            <li><a href="#">即将上映</a></li>
        </ul>
    </nav>

    <div class="container">
        <section id="main-content" class="main-content">
            <h2>剧情概要</h2>
            <p><?= $introduce ?></p>
            <h2>演出时间</h2>
            <p>
                <?php
                // foreach 替代语法开始
                foreach ($times as $index=>$time) :
                ?>
                    <span><?= $time ?> </span>
                    <?=$index%3==2? '<br>':''?>
                <?php
                // foreach 替代语法结束
                endforeach;
                ?>
            </p>
```

```
        <h2>剧照展示</h2>
        <div class="image-gallery">
            <?php
            // foreach 替代语法开始
            foreach ($imgs as $key => $image) :
            ?>
                <img src="<?= $image ?>" alt="话剧《<?= $title ?>》剧照<?= $key + 1 ?>">
            <?php
            // foreach 替代语法结束
            endforeach;
            ?>
            <!-- 添加更多图片 -->
        </div>
    </section>
</div>

<footer>
    <p>版权所有 &copy; 2024 话剧社</p>
</footer>
</body>

</html>
```

使用流程控制的替代语法输出话剧信息的运行结果如图 2-30 所示。

图 2-30　使用流程控制的替代语法输出话剧信息的运行结果

　　代码实现的是一个简单的网页模板，用于展示话剧的相关信息。代码中使用了 foreach 循环来遍历 $times 数组和$imgs 数组，并输出相应的内容。这里使用了替代法来标记循环的开始和结束。另外，代码中还使用了条件运算符语句来判断是否需要输出换行符
。

这种替代语法可以使代码更加简洁和易读，特别是在模板中使用循环和条件语句时，可以减少大量的大括号和 echo 语句的使用。

任务 2.5　认识命名空间与文件引入

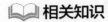 **相关知识**

2.5.1　命名空间

在现实生活中，我们常常会遇到同名的情况，为了在同一场景中区分同名的人或事物，通常会在名字前加上前缀修饰，例如"1 班的张三""2 班的张三"等。在编程过程中，同样可能会遇到标识符同名的情况，在进行文件引入操作时可能会产生错误。为了区分同名的标识符，可以使用命名空间进行标识。

在 PHP 中，任意合法的 PHP 代码都可以包含在命名空间中，但只有以下类型的代码受命名空间的影响：类、接口、函数和常量。

命名空间通过关键字 namespace 来声明。声明命名空间的语法结构如下。

```
namespace 空间名;
```

namespace 必须在除了 declare 关键字外、其他代码之前使用。另外，所有非 PHP 代码（包括空白符）都不能出现在命名空间的声明之前。例如，下面的代码就是错误示例。

```
<html>
<?php
namespace myapp; // 错误，命名空间必须是程序脚本的第一条语句
?>
```

如果在一个文件中需要使用某个命名空间中的内容，则可以在内容前加上命名空间，或者使用 use 语句。

use 语句在使用函数和常量时，需要在 use 关键字后分别跟上 function 或者 const 关键字，使用类和接口时则不需要。此外，use 语句还可以使用 as 关键字为内容添加别名，以简化代码。

在使用命名空间时，如果以反斜线"\"开始，则表示完整的空间名，否则表示从当前命名空间开始的子空间。use 语句的语法结构如下。

```
use [function | const] 命名空间\内容 [as 别名];
```

2.5.2　文件引入

在实际开发中，通常不会将所有的代码都写在一个 PHP 文件中。相反，大多数人会根据代码的功能将其分成不同的 PHP 文件，然后在需要使用的地方进行引入，以提高代码的可维护性和重用性。这种模块化的开发方式使得开发者能够更轻松地管理和修改不同部分的代码。

例如，可以将网站的通用部分（如页头、页脚、菜单等）分别放入独立的文件中，然后在其他页面中引入这些文件。这样一来，如果通用部分需要修改，那么只需要在对应的被引入文件中进行修改，而无须逐一修改每个页面。

另一种常见的做法是将通用的函数、类等放入独立的文件中，然后在其他文件中引入这些文件，以便在当前文件中使用相应功能。

为了在当前代码中使用其他文件中的代码，PHP 使用 4 个关键字来引入外部文件内容，分别是 require、require_once、include 和 include_once。文件引入语句的语法结构如下。

```
引入关键字 "引入文件路径";
```

或者如下。

```
引入关键字（"引入文件路径"）；
```

引入语句是 PHP 中的语言结构，不是真正的函数或方法，因此后面的括号是可省略的。

当引入语句的参数包含路径时，PHP 将根据路径查找被引入的文件。如果参数仅包含文件名，那么引入语句会首先根据 PHP 配置文件中 include_path 配置项的值查找被引入文件。如果在 include_path 中找不到文件，那么 PHP 还会在当前文件所在目录下查找被引入的文件。如果仍然找不到文件，那么将会导致错误。

文件引入

这些关键字在引入文件时有一些差异，例如，require 和 require_once 会在引入失败时抛出致命错误以中断程序执行。而 include 和 include_once 在引入失败时只会产生警告，不会中断程序执行。另外，带有_once 后缀的关键字会确保同一个文件不会被多次引入，避免出现重复定义的问题。

在实际应用中，选择使用 require 还是 include，取决于程序引入文件时的预期行为。

使用 require 时，如果引入文件失败，那么 PHP 会抛出致命错误，程序会停止执行。这通常意味着引入的文件非常重要，缺失它可能导致整个程序无法正常工作。require 常用于在文件开始时引入必要的代码，确保依赖关系得到满足。

使用 include 时，如果引入文件失败，那么 PHP 会生成警告，但程序会继续执行。这使得 include 更适合在程序执行过程中引入一些可选的或次要的代码。它不会导致程序中断，从而允许程序在缺失某些功能时仍然继续运行。

📖 任务实践

2.5.3 使用命名空间和文件引入管理同名的诗词

"月夜"这一主题在古代诗词中被多位诗人所采用，创作出了多首同名的诗作。唐代诗人杜甫创作了一首五言律诗《月夜》，这首诗表达了他对家人的深切思念。诗中通过想象妻子在鄜州望月的情景，抒发了作者对妻子和儿女的思念之情。另一位唐代诗人刘方平也创作了一首名为《月夜》的七言绝句。这首诗描绘了初春月夜的景象，通过虫声透过窗纱的细节，传达了春天的温暖气息。南宋时期的陆游，也曾以《月夜》为题作诗。

【例 2-30】使用命名空间和文件引入管理同名的诗词。

为了将杜甫、刘方平和陆游的《月夜》诗词分别存放在不同的文件中，并使用命名空间进行区分，我们可以创建 3 个不同的 PHP 文件，每个文件存储一位诗人的作品。

poetries/song/ly/poetry.php 中存储诗人陆游的诗，代码如下。

```php
<?php
// 定义命名空间 song\ly
namespace song\ly;

// 定义一个函数 yueye()，用于输出陆游的诗
function yueye()
{
    echo "《月夜》<br>";
    echo "小醉初醒月满床，玉壶银阙不胜凉。天风忽送荷香过，一叶飘然忆故乡。 <br>";
    echo "—— 宋 陆游 <br>";
}
?>
```

poetries/tang/df/poetry.php 中存储诗人杜甫的诗，代码如下。

```php
<?php
// 定义命名空间 tang\df
namespace tang\df;

// 定义一个函数 yueye()，用于输出杜甫的诗
function yueye()
{
    echo "《月夜》<br>";
    echo "今夜鄜州月，闺中只独看。遥怜小儿女，未解忆长安。香雾云鬟湿，清辉玉臂寒。何时倚虚幌，双照泪痕干。<br>";
    echo "—— 唐 杜甫 <br>";
}
```

poetries/tang/lfp/poetry.php 中存储诗人刘方平的诗，代码如下。

```php
<?php
// 定义命名空间 tang\lfp
namespace tang\lfp;

// 定义一个函数 yueye()，用于输出刘方平的诗
function yueye()
{
    echo "《月夜》<br>";
    echo "更深月色半人家，北斗阑干南斗斜。今夜偏知春气暖，虫声新透绿窗纱。<br>";
    echo "—— 唐 刘方平 <br>";
}
?>
```

2-30.php 引入外部 PHH 文件，并且使用相关函数输出不同诗人的《月夜》。

```php
<?php
// 引入 poetries/song/ly/poetry.php 文件
require 'poetries/song/ly/poetry.php';
// 引入 poetries/tang/df/poetry.php 文件
require 'poetries/tang/df/poetry.php';
// 引入 poetries/tang/lfp/poetry.php 文件
require 'poetries/tang/lfp/poetry.php';

// 使用 song\ly\yueye()函数
use function song\ly\yueye;
// 使用 tang\df\yueye()函数并加上别名
use function tang\df\yueye as tang_df_yueye;

// 输出陆游的诗
yueye();
// 输出杜甫的诗
tang_df_yueye();
// 输出刘方平的诗
tang\lfp\yueye();
?>
```

使用命名空间和文件引入管理同名的诗词的运行结果如图 2-31 所示。

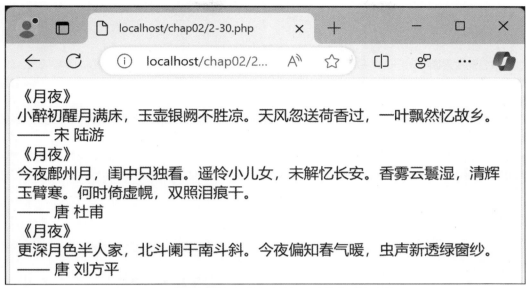

图 2-31　使用命名空间和文件引入管理同名的诗词的运行结果

代码引入了 3 个不同的诗词文件，每个文件都包含一个名为 yueye() 的函数。代码使用 use 关键字导入了 song\ly\yueye() 函数，这意味着可以直接在当前文件中调用 yueye() 函数，而无须指定完整的命名空间路径。然后，代码使用 use 关键字导入了 tang\df\yueye() 函数，并给它起了一个别名 tang_df_yueye。这样做的原因是，如果有多个名称相同的函数，则可以通过别名来区分它们，避免命名冲突。代码最后直接使用了完整的命名空间路径 tang\lfp\yueye() 来调用函数。

代码展示了如何在 PHP 中使用命名空间和别名来组织和调用函数，以及如何从不同的文件中引入和使用这些函数。

任务 2.6　认识函数

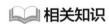 相关知识

2.6.1　定义函数

在编程中，我们常常会遇到需要重复使用的代码片段，为了提高代码的可维护性和重用性，可以将这些代码片段封装成独立的、有名字的单位，即函数。函数可以接收输入值（参数），执行特定的操作，然后返回结果。

PHP 提供了一些内置函数，例如 isset()、unset() 和 die() 函数。

isset() 函数用于检查变量是否已经被声明并且不为 null。如果变量已经被声明并且不为 null，则函数返回 true，否则返回 false。

unset() 函数用于销毁指定的变量，一旦变量被销毁，该变量就不再存在，并且不能被访问。此外，unset() 函数还可以用于删除数组中的指定元素。

die() 函数用于终止脚本的执行，并输出一条消息。

在 PHP 中，尽管有许多内置函数可使用，但通常还需要根据具体的业务需求自定义函数。定义函数的基本语法格式如下。

```
function 函数名(形式参数列表) {
    // 函数代码
}
```

函数名需要遵循标识符的命名规则。在函数名后面，紧跟括号"()"，括号内是形式参数列表。如果函数不需要接收参数，则可以设置形式参数列表为空。接着是大括号"{}"，表示函数体，也就是函数对应的代码块。

在函数中，如果需要将执行结果返回给调用代码，则可以使用 return 语句。return 关键字后面可以跟需要返回的值。

函数的返回值可以是任何合法的数据类型，如数字、字符串、布尔值、数组、对象等。如果函数中没有 return 语句，或者 return 语句后面没有返回值，则函数的返回值默认是 null。定义有返回值函数的语法格式如下。

```
function 函数名(形式参数列表) {
    // 函数体代码
    return 返回值;
}
```

在函数运行时，一旦执行了 return 语句，函数的运行将立即中断并跳出函数体，PHP 程序将从调用该函数的代码处继续执行。

在 PHP 中，函数被定义后并不会立即被执行，需要通过代码调用函数才会执行函数体里面的代码。函数调用的语法结构如下。

```
$result = 函数名(实际参数列表);
```

如果函数不需要参数，则实际参数列表可以为空。如果函数需要参数，则实际参数列表的顺序需要和形式参数列表对应。

需要注意的是，PHP 中的函数被定义后在全局作用域中是有效的，所以函数定义和函数调用之间没有强制性的先后关系。函数可以在文件的任何位置定义，然后在需要的地方进行调用。这种机制使得开发者能够更加灵活地组织代码。

2.6.2 函数的参数

在处理业务逻辑时，某些函数需要外部提供数据，这些数据就是在定义函数时的形式参数，简称形参。而在调用函数时，传递给函数的具体数值称为实际参数，简称实参。函数的形参和实参之间使用逗号","作为分隔符。

函数的参数

在定义函数时，可以为形参赋予默认值。如果多个形参中的一部分含有默认值，那么需要将没有默认值的形参放在参数列表的前面，将带有默认值的形参放在参数列表的后面。调用函数时，如果没有给出带有默认值的形参对应的实参，那么将会使用默认值为形参赋值。定义形参有默认值函数的语法格式如下。

```
function 函数名(形参1, 形参2 = 默认值2, 形参3 = 默认值3) {
    // 函数体代码
}
```

其中，形参 2 和形参 3 带有默认值，而形参 1 没有默认值。在调用函数时，可以根据需要给形参 1 传递值；如果没有对形参 2 和形参 3 特别传递值，那么将使用它们的默认值。

PHP 支持可变参数，即在调用函数时，根据需要传入数量不固定的实参。PHP 中的可变参数是通过在函数的形参列表前加上 3 个点"…"来实现的，参数会以数组的形式传递给函数。这使得函数能够接收任意数量的参数。定义带有可变参数函数的语法格式如下。

```
function 函数名(…可变参数) {
```

```
    // 函数体代码
}
```

需要注意的是，可变参数必须是函数参数列表的最后一个参数，并且不能为可变参数指定默认值。

在 PHP 中，给形参传值有两种方式：传值和传引用。

1. 传值

默认情况下，调用函数时会将实参的值复制一份赋值给形参。在这种情况下，形参和实参是两个独立的变量，修改其中一个不会影响另一个。

2. 传引用

如果要使用传引用，则需要定义时在形参前面加上符号"&"。传引用是将实参的引用赋给形参，此时形参和实参指向的是同一个值。因此，在函数中修改形参会影响函数外的实参。定义形参传引用函数的语法格式如下。

```
function 函数名(&$形参) {
    // 函数体代码
}
```

【例 2-31】 下面的代码演示了定义和使用有默认值形参的函数。

```php
<?php
//函数: get_area()。参数: $x、$y、type。type 的默认值为 0
function get_area($x, $y, $type = 0)
{
    //定义一个变量$area，用于存储面积
    $area = 0;
    //根据$type 的值，进行不同的计算
    switch ($type) {
        case 0:
            //计算长方形的面积
            $area = $x * $y;
            //设置 type 的值为"长方形"
            $type = "长方形";
            break;
        case 1:
            //计算圆形的面积
            $area = 3.14 * $x * $y;
            //设置$type 的值为"圆形"
            $type = "圆形";
            break;
        default:
            //计算直角三角形的面积
            $area = $x * $y * 0.5;
            //设置$type 的值为"三角形"
            $type = "直角三角形";
    }

    //返回面积和类型
    return "{$type}的面积是{$area}<br>";
}

//调用函数，传入参数，$type 的值为默认值，输出返回结果
```

```
echo get_area(1, 1);
//调用函数，传入参数，$type 的值为 0，输出返回结果
echo get_area(1, 1, 0);
//调用函数，传入参数，$type 的值为 1，输出返回结果
echo get_area(1, 1, 1);
//调用函数，传入参数，$type 的值为 2，输出返回结果
echo get_area(1, 1, 2);
?>
```

定义和使用有默认值形参的函数运行结果如图 2-32 所示。

图 2-32　定义和使用有默认值形参的函数运行结果

代码定义了 get_area()函数，用于计算不同类型的面积。函数接收 3 个参数：$x、$y 和$type，其中$type 的默认值为 0。函数内部使用 switch 语句根据$type 的值进行不同的计算。最后，函数返回一个字符串，包含计算得到的面积和类型。在主程序中，调用了 get_area()函数 4 次，分别传入不同的参数和$type 值，并输出返回结果。

【例 2-32】下面的代码演示了两种给函数形参传值的方式。

```
<?php
echo "值传递: <br>";
$i = 0;
// 定义一个函数，参数为$i
function increase_i($i)
{
    // 将$i 的值加 1
    $i++;
}
// 调用函数前，输出$i 的值
echo "调用前: " . $i . "<br>";
// 调用函数，参数为$i
increase_i($i);
// 调用函数后，输出$i 的值
echo " 调用后: " . $i . "<br>";
echo "引用传递: <br>";
$k = 0;
// 定义一个函数，参数为$k
function increase_k(&$k)
{
    // 将$k 的值加 1
    $k++;
}
// 调用函数前，输出$k 的值
```

```
echo " 调用前: " . $k . "<br>";
// 调用函数，参数为$k
increase_k($k);
// 调用函数后，输出$k 的值
echo " 调用后: " . $k . "<br>";
?>
```

两种给函数形参传值的方式的运行结果如图 2-33 所示。

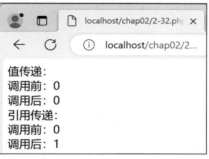

图 2-33　两种给函数形参传值的方式的运行结果

代码定义了两个函数，函数 increase_i() 的形参是传值，函数 increase_k() 的形参是传引用。在传值的方式下，调用函数时，实参的值被复制给形参，因此在函数中修改形参的值不会影响函数外部的实参。而在传引用的方式下，实参的引用被赋给形参，导致在函数中修改形参的值会直接影响函数外部的实参。

需要注意的是，如果在函数的形参声明中使用了传引用的方式，那么在调用函数时实参必须是变量，而不能直接传递值。这是因为传引用需要传递变量的引用，而直接传递值是不符合传引用的要求的。

2.6.3　变量的作用域

变量的作用域是指在程序中变量可以被访问的范围。在 PHP 中，自定义变量根据作用域可以分为 3 种：局部变量、静态变量和全局变量。

1. 局部变量

局部变量是在函数内部定义的变量，包括形参。它们的作用域仅限于所在的函数体，只能在函数体内定义位置之后的代码中被访问。函数外的代码无法访问函数内的局部变量。局部变量在函数执行完毕后，其占用的内存会被自动释放。

2. 静态变量

静态变量是一种特殊的局部变量，其作用域仍然是所在的函数体。与局部变量不同的是，静态变量的生命周期在函数执行完毕后并不会结束，而是会继续保留在内存中。可以通过在变量名前加关键字 static 来声明静态变量。

3. 全局变量

在函数外部定义的变量称为全局变量，它们在整个脚本中都是可见的。在函数外部直接使用变量名即可访问全局变量。在函数内部无法直接访问全局变量，需要通过 global 关键字或者$GLOBALS 预定义变量来引用全局变量。

使用 global 关键字可以在函数内引用全局变量，但在引用时不能进行赋值。如果需要在函数内为全局变量赋值，那么赋值语句需要与 global 语句分开写。

预定义变量由 PHP 直接定义和管理，可以在所有作用域中直接通过变量名访问，无须加 global 关键字。因此，预定义变量也称为"超全局变量"。

【例2-33】下面的代码演示了在函数内部使用全局变量和局部变量。

```php
<?php
//函数 test()，参数为$x
function test($x)
{
    //输出全局变量$x 的值
    echo "全局变量: " . $GLOBALS["x"] . "<br>";
    //输出局部变量$x 的值
    echo "局部变量: " . $x . "<br>";
    //将全局变量$x 的值赋给局部变量 x
    global $x;
    //将局部变量$x 的值加 1
    $x++;
    //输出局部变量$x 的值
    echo "全局变量: " . $x . "<br>";
}
//定义全局变量$x 的值为 1
$x = 1;
//调用函数 test()，参数为-1
test(-1);
//输出全局变量$x 的值
echo "全局变量: " . $x;
?>
```

在函数内部使用全局变量和局部变量的运行结果如图 2-34 所示。

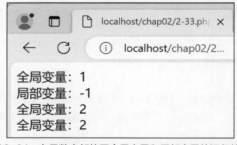

图 2-34　在函数内部使用全局变量和局部变量的运行结果

代码中定义了一个函数 test($x)，它接收一个参数$x。在函数内部，首先使用$GLOBALS 数组来访问全局变量$x。$GLOBALS 是 PHP 中的一个超全局变量，是可以访问所有全局变量的数组。然后，使用$x 变量，这是一个局部变量，只在函数内部有作用。接着，使用 global 关键字声明$x 是一个全局变量。这使得在函数中可以对全局变量$x 进行访问和修改，改变会反映在函数外部。

【例2-34】下面的代码演示了静态变量的使用。

```php
<?php
// 定义一个函数 test()
function test()
{
    // 定义一个静态变量$x，初始值为 1
    static $x = 1;
```

```
    // 定义一个局部变量$y，初始值为 1
    $y = 1;
    // 输出静态变量$x 的值
    echo '静态变量$x= ' . $x++;
    // 输出局部变量$y 的值
    echo '局部变量$y= ' . $y++;
    // 输出换行符
    echo "<br>";
}
// 调用函数 test()
test();
// 调用函数 test()
test();
// 调用函数 test()
test();
?>
```

静态变量的使用运行结果如图 2-35 所示。

图 2-35 静态变量的使用运行结果

代码定义了 test()函数，函数中声明了一个静态变量$x，并将其初始化为 1。静态变量在函数每次调用后并不会被重置，而是会保留上一次调用时的值。函数中还声明了一个局部变量$y，并将其初始化为 1。局部变量在函数每次调用后会被重置为初始值。第一次调用 test()函数时，静态变量$x 被初始化为 1，局部变量$y 也被初始化为 1，然后分别递增。在第二次和第三次调用 test()函数时，静态变量$x 会保留上一次调用的值，并继续递增，而局部变量$y 在每次函数调用后都会被重新初始化为 1。

2.6.4 可变函数

在 PHP 中，可变函数是指通过变量来调用的函数。通常，需要调用的函数名是一个固定值，但在某些情况下，可能希望根据程序的逻辑或用户的输入来动态地确定调用的函数。这时，可变函数就派上用场了。

PHP 中使用可变函数的基本语法是将函数名存储在一个变量中。然后，通过在该变量后面加括号"()"来调用函数。

【例 2-35】下面的代码演示了可变函数的使用。

```
<?php
// 定义一个函数 add()，用于求两个数的和
function add($x, $y)
{
```

```
    // 输出两个数的和
    echo "$x + $y = " . ($x + $y) . "<br>";
}
// 定义一个函数 sub()，用于求两个数的差
function sub($x, $y)
{
    // 输出两个数的差
    echo "$x - $y = " . ($x - $y) . "<br>";
}

// 定义一个变量$m，用于存储函数名
$m = "add";
// 调用函数 add()，传入参数 2 和参数 3
$m(2, 3);
// 将变量$m 的值改变为 "sub"
$m = "sub";
// 调用函数 sub()，传入参数 2 和参数 3
$m(2, 3);
?>
```

可变函数的使用运行结果如图 2-36 所示。

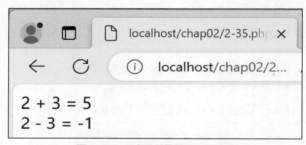

图 2-36　可变函数的使用运行结果

代码定义了两个函数 add()和 sub()，分别用于计算两个数的和与差，并输出结果。接下来，代码将字符串 "add" 赋给变量$m，然后调用$m(2, 3)，即调用 add()函数并传入参数 2 和参数 3。然后，代码将字符串 "sub" 赋给变量$m，再次调用$m(2, 3)，即调用 sub()函数并传入参数 2 和参数 3。

2.6.5　匿名函数

匿名函数是一种在运行时动态创建的函数，也称为闭包。与普通函数不同，匿名函数没有显式的名称，可以直接赋值给变量或作为参数传递给其他函数。匿名函数在需要临时函数的场景中很有用，尤其是在回调函数和函数表达式中。

【例 2-36】下面的代码演示了匿名函数的使用。

```php
<?php
//定义一个匿名函数，用于求两个数的和
$add = function ($x, $y) {
    return $x + $y;
}; //这里的分号（赋值语句结束符号）不能少

//调用函数
$r = $add(1, 2);
```

```
echo "1 + 2 = " . $r . "<br>";

//定义函数
function execute_fun($fun, ...$args)
{
    // 判断$fun()函数是否可执行
    if (is_callable($fun)) {
        // 如果可执行，则执行$fun()函数，并传入参数$args
        $fun(...$args);
    } else {
        // 如果不可执行，则输出提示信息
        echo "第一个参数不是可执行结构<br>";
    }
}

//执行 execute_fun()函数，传入匿名函数作为参数
execute_fun(function ($x, $y) {
    echo "{$x} + {$y} = " . ($x + $y) . "<br>";
}, 1, 2);
?>
```

匿名函数的使用运行结果如图 2-37 所示。

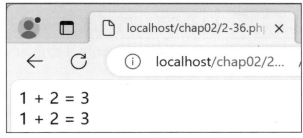

图 2-37　匿名函数的使用运行结果

代码定义了一个匿名函数，并将其赋给$add 变量。接下来，代码通过$add 调用了匿名函数。然后，代码定义了一个名为 execute_fun()的函数，如果传入的第一个参数是可执行结构，那么它将执行该函数并传入参数。否则，它将输出一条错误消息。最后，在调用 execute_fun()函数时传入了一个匿名函数。

因为作用域的关系，匿名函数中不能直接使用外部变量。在匿名函数中，使用 use 关键字可以将外部变量引入匿名函数的作用域。示例代码如下。

```
$outer= 10;
$add = function ($a) use ($outer) {
    return $a + $outer;
};
```

2.6.6　字符串操作函数

字符串操作函数是一组用于处理字符串的工具函数，它们提供了各种功能，如获取字符串长度、查找子字符串、截取、替换等。这些函数在处理文本数据时非常有用，可以对字符串进行各种操作，以满足程序中的需求。

PHP 提供了许多用于操作字符串的函数，常用的字符串操作函数如表 2-14 所示。

表 2-14　常用的字符串操作函数

函数名	说明
strlen($str)	返回字符串$str 的长度
strpos($str,$sub)	在字符串$str 中查找子字符串$sub 首次出现的位置
strrpos($str,$sub)	在字符串$str 中查找子字符串$sub 最后一次出现的位置
substr($str,$offset,$len)	返回字符串$str 从$offset 开始长度最为为$len 的子字符串。如果$offset 是负数，则返回的字符串将从$str 结尾处向前数第$offset 个字符开始
substr_count($str,$sub)	返回子字符串$sub 在字符串$str 中出现的次数
str_replace($search,$replace,$str)	将字符串$str 中的$search 替换成$replace
str_shuffle($str)	随机打乱字符串$str 中的字符
trim($str)	移除字符串$str 两端的空白字符
strtoupper($str)	将字符串$str 转换为大写
strtolower($str)	将字符串$str 转换为小写
strrev($str)	反转字符串$str
strstr($str,$sub)	返回字符串$str 中子字符串$sub 第一次出现位置后面的内容
explode($separator,$str)	使用字符串$separator 分割字符串$str，并返回一个数组
implode($separator,$arr)	使用字符串$separator 将数组$arr 中的元素连接成一个字符串
htmlentities($str)	将字符串$str 中的 HTML 标签进行转义
html_entity_decode($str)	将 HTML 转义字符$str 转换成普通字符串

如果需要查阅更多 PHP 字符串操作函数以及详细的使用说明，可以访问 PHP 官方文档的字符串函数部分。

【例 2-37】下面的代码演示了字符串操作函数的使用。

```php
<?php
// 定义字符串变量$str
$str = <<<EOF
          黄鹤楼
昔人已乘黄鹤去，此地空余黄鹤楼。
黄鹤一去不复返，白云千载空悠悠。
晴川历历汉阳树，芳草萋萋鹦鹉洲。
日暮乡关何处是? 烟波江上使人愁。
EOF;
// 定义搜索字符串变量$needle
$needle = "黄鹤";
// 输出$str
echo "<pre>" . $str . "</pre>";
// 输出$needle 第一次出现的索引
echo " "{$needle}"第一次出现的索引: " . strpos($str, $needle) . "<br>";
// 输出$needle 最后一次出现的索引
echo " "{$needle}"最后一次出现的索引: " . strrpos($str, $needle) . "<br>";
// 输出$needle 出现的次数
echo " "{$needle}"一共出现了" . substr_count($str, $needle) . "次<br>";
// 定义搜索字符串变量$needle
```

```
$needle = "烟波";
// 输出$str 中包含$needle 到末尾的内容
echo  strstr($str, $needle);
?>
```

字符串操作函数的使用运行结果如图 2-38 所示。

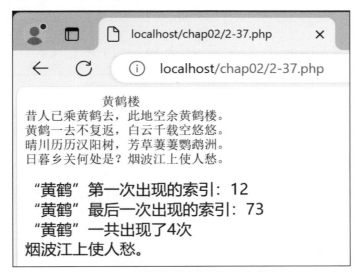

图 2-38　字符串操作函数的使用运行结果

　　代码创建了一个名为$str 的变量，并将一段文本赋给它。这段文本是唐诗《黄鹤楼》的内容。然后分别输出"黄鹤"第一次和最后一次出现的索引、出现的总次数以及从"烟波"开始到诗尾的内容。注意，在查找"黄鹤"出现的索引时，代码中的空格也参与计数。

　　观察结果会发现，"黄鹤"出现的位置索引和实际位置有区别。这是因为 PHP 的普通字符串函数（例如 strlen()、strpos()等）是按字节而不是按字符操作的。对于多字节字符集（如 UTF-8 编码的中文），一个字符可能由多个字节组成。因此，使用普通字符串函数处理中文时，可能导致出现一些问题，例如计算字符串长度、截取字符串、查找字符串的位置等。

　　PHP 支持多字节字符串的处理，主要通过 mbstring 扩展实现。这个扩展提供了一系列以"mb_"开头的函数（例如 mb_strlen()、mb_strpos()等）来处理多字节字符。使用 mb_strpos()和 mb_strrpos()函数替换源代码中对应的函数，可以得到字符串正确的位置。

　　【例 2-38】下面的代码演示了字符串分割函数的使用。

```php
<?php
// 定义一个字符串变量
$str = "Java,C++,Python,PHP,C#";
// 使用 explode()函数将字符串按照逗号分隔，并将分隔后的字符串放入数组
$arr = explode(",", $str);
// 遍历数组
foreach ($arr as $key => $val) :
    // 使用分隔后的数组元素生成复选框标签
?>
  <input type="checkbox" name="course" id="course_<?= $key ?>" > <?= $val ?>
<?php
// 结束遍历
endforeach;
```

```
?>
```

字符串分割函数的使用运行结果如图 2-39 所示。

图 2-39　字符串分割函数的使用运行结果

代码的功能是将一个包含多个编程语言的字符串通过 explode() 函数分成一个数组，然后遍历这个数组中的元素，为每个编程语言生成一个复选框标签，并使用元素动态生成复选框的内容。

2.6.7　数学操作函数

数字在编程中占据重要地位，PHP 提供了一系列的数学操作函数，以方便进行各种数学运算和处理。PHP 中常用的数学操作函数如表 2-15 所示。

表 2-15　常用的数学操作函数

函数名	说明
rand($min, $max)	生成指定范围内的随机整型值
abs($number)	返回一个数的绝对值
max($num1, $num2, ...)	返回一组数中的最大值
min($num1, $num2, ...)	返回一组数中的最小值
ceil($number)	向上取整
floor($number)	向下取整
round($number)	四舍五入
decbin($number)	十进制转二进制
decoct($number)	十进制转八进制
dechex($number)	十进制转十六进制
bindec($binaryString)	二进制转十进制
octdec($octalString)	八进制转十进制
hexdec($hexString)	十六进制转十进制

如果需要查阅更多 PHP 数学操作函数以及详细的使用说明，可以访问 PHP 官方文档的数学函数部分。

【例 2-39】下面的代码演示了随机数函数的使用。

```php
<?php
// 生成1~5的随机整型值，模拟抽奖
$randomNumber = rand(1, 5);

// 根据随机数选择奖品
$prizes = [
    1 => '一等奖: Mate 60 Pro',
```

```
    2 => '二等奖: AirPods Pro',
    3 => '三等奖: 100 元京东卡',
    4 => '四等奖: 50 元话费',
    5 => '五等奖: 20 元话费',
];

$selectedPrize = $prizes[$randomNumber];

// 输出抽奖结果
echo "恭喜您抽中了$selectedPrize";
?>
```

随机数函数的使用运行结果如图 2-40 所示。

图 2-40　随机数函数的使用运行结果

代码实现了一个简单的抽奖功能。首先，使用 rand()函数生成了一个 1~5 的随机整型值，模拟抽奖。然后，定义一个数组$prizes，包含 5 个奖品选项。接下来，根据生成的随机数从$prizes 数组中选择一个奖品。最后，将选中的奖品输出。

2.6.8　日期和时间操作函数

在 PHP 中，日期和时间操作函数提供了强大的工具来处理与时间相关的任务。这些函数可满足从获取当前 UNIX 时间戳（自 1970 年 1 月 1 日以来的秒数）到日期格式化、时间计算等的各种需求。表 2-16 是一些基本的日期和时间操作函数。

表 2-16　基本的日期和时间操作函数

函数名	说明
time()	获取当前的 UNIX 时间戳
date($format, $timestamp)	将 UNIX 时间戳$timestamp 格式化成$format 指定的日期和时间格式。如果没有提供$timestamp，则默认是当前 UNIX 时间戳
strtotime($datetime)	将日期字符串$datatime 转换为 UNIX 时间戳
date_default_timezone_set($timezone)	设置默认时区
mktime($hour,$minute,$second,$month,$day,$year)	根据小时、分钟、秒、月、日、年创建 UNIX 时间戳
microtime()	获取当前的 UNIX 时间戳和微秒数

在 PHP 中，date()函数用于将 UNIX 时间戳转换为格式化的日期和时间字符串。这个函数的第一个参数是格式字符串，它定义了输出的日期和时间的格式。表 2-17 是一些常用的日期和时间格式化参数，可以将它们组合在一起来创建所需的日期和时间格式。

表 2-17　常用的日期和时间格式化参数

参数	说明	示例
d	月份中的第几天，两位数字，有前导 0（01~31）	05
D	星期几，英文缩写的文本	Mon
j	月份中的第几天，不带前导 0（1~31）	5
l	星期几，完整的文本	Monday
N	星期几，1（星期一）~7（星期日）	1
S	月份中的第几天，两位数字，有前导 0（01~31）	05
w	星期几，0（星期日）~6（星期六）	1
z	年份中的第几天	36
W	一年中的第几周	06
m	月份（01~12，有前导 0）	02
n	月份（无前导 0）	2
t	给定月份的天数	30
L	是否为闰年（1 为闰年，0 为非闰年）	1
Y	4 位数的年份	2024
y	两位数的年份	24
A	上午或下午（AM 或 PM）	AM
a	上午或下午（am 或 pm）	am
g	小时（12 小时制，不带前导 0）	12
G	小时（24 小时制，不带前导 0）	12
h	小时（12 小时制，带前导 0）	12
H	小时（24 小时制，带前导 0）	12
i	分钟（两位数字，带前导 0）	05
s	秒（两位数字，带前导 0）	05

如果需要查阅更多 PHP 日期和时间操作函数以及详细的使用说明，则可以访问 PHP 官方文档的日期和时间函数部分。

【例 2-40】下面的代码演示了日期和时间函数的使用。

```php
<?php
// 设置当前月和年
$month = date('m');
$year = date('Y');

// 创建日历
$calendar = array();

// 获取当前月的天数
$daysInMonth = date('t');

// 获取第一天是星期几（0 = 星期日，1 = 星期一，以此类推）
$firstDayOfWeek = date('w', strtotime("$year-$month-01"));

// 创建空格以按星期对齐
$emptyDays = ($firstDayOfWeek > 0 ? $firstDayOfWeek : 7 - $firstDayOfWeek);
```

```php
for ($i = 1; $i <= $emptyDays; $i++) {
    $calendar[] = " ";
}
// 添加日期
for ($i = 1; $i <= $daysInMonth; $i++) {
    $calendar[] = $i;
}


// 输出日历
?>
<h4>
    <?=date('Y年m月')?>
</h4>
<table >
    <tr>
        <td>日</td>
        <td>一</td>
        <td>二</td>
        <td>三</td>
        <td>四</td>
        <td>五</td>
        <td>六</td>
    </tr>
    <?php
    foreach ($calendar as $index=>$day) {
        echo $index%7==0?"<tr>":"";
        echo "<td>$day</td>";
        echo $index % 7 == 6 ? "</tr>" : "";
    }
    ?>

</table>
<h4>现在是<?= date('Y年m月d日 H:i:s')?></h4>
?>
```

日期和时间操作函数的使用运行结果如图 2-41 所示。

图 2-41　日期和时间操作函数的使用运行结果

代码的主要功能是生成一个当前月的日历。首先，代码设置了当前月$month 和年$year。然后，创建了一个数组$calendar 来存储日历信息。通过计算当前月的天数和第一天是星期几，代码确定了需要在日历的开头添加多少个空格以按星期对齐。之后，代码将每一天的日期添加到$calendar 数组中。接着，代码通过 HTML 表格结构输出完整的日历，包括月标题和每周的日期。最后，显示当前的日期和时间。

2.6.9 数组操作函数

在 PHP 中，数组是一种非常强大且灵活的数据结构，用于存储和操作一组数据。数组操作函数提供了各种方法来创建、统计、遍历、排序、检索和操作数组。PHP 中常用的数组操作函数如表 2-18 所示。

表 2-18　常用的数组操作函数

函数名	说明
array_chunk($arr, $len)	将数组$arr 按照$len 大小分成多个数组
array_column($arr, $column_key, $index_key)	返回数组$arr 中指定了$column_key 的值。如果指定了$index_key，则将$column_key 的值作为返回值的键
array_combine($keys, $values)	创建一个数组，用数组$keys 的值作为其键名，用数组$values 的值作为其值
array_filter($arr, $func)	使用回调函数$func 过滤数组$arr 的元素
array_key_exists($key, $arr)	检查数组$arr 里是否有指定的键名或索引$key
array_keys($arr)	返回数组$arr 的键名
array_map($func, $arr)	为数组$arr 的每个元素应用回调函数$func
array_merge(...$arr)	合并一个或多个数组
array_pop(&$arr)	弹出数组$arr 的最后一个元素，$arr 长度减一
array_push(&$arr, $value)	将$value 中的一个或多个元素添加到数组$arr 的末尾，$arr 的长度将根据加入元素的数量增加
array_reduce($arr, $func)	用回调函数$func 迭代地将数组$arr 简化为单一的值
array_shift(&$arr)	将数组$arr 开头的元素移出，$arr 长度减一
array_sum($arr)	对数组$arr 中的所有值求和
array_unshift(&$arr, $value)	在数组$arr 开头插入$value 中的一个或多个元素，$arr 的长度将根据加入元素的数量增加
array_values($arr)	返回数组$arr 中所有的值
arsort(&$arr)	对数组进行降序排列并保持索引关系
asort(&$arr)	对数组进行升序排列并保持索引关系
count($arr)	返回数组$arr 中元素的数量
extract($arr)	解压缩关联数组$arr，此函数会将键名当作变量名，将值作为变量的值
krsort(&$arr)	对数组$arr 按照键名降序排列
ksort(&$arr)	对数组$arr 按照键名升序排列
list()	把索引数组中的值赋给一组变量
rsort(&$arr)	对数组$arr 降序排列
sort(&$arr)	对数组$arr 升序排列
shuffle(&$arr)	打乱数组$arr

如果需要查阅更多 PHP 数组操作函数以及详细的使用说明，可以访问 PHP 官方文档的数组操作函数部分。

【例 2-41】下面的代码演示了数组操作函数的使用。

```php
<?php
$score = [
    array("name" => "学生 1", "score" => "88"),
    array("name" => "学生 2", "score" => "85"),
    array("name" => "学生 3", "score" => "98"),
    array("name" => "学生 4", "score" => "65"),
    array("name" => "学生 5", "score" => "75"),
];
array_push($score, array("name" => "学生 6", "score" => "90")); //添加学生 6 的成绩
array_map(function ($v) {
    echo $v["name"] . " 考试成绩 " . ($v["score"] >= 85 ? "优秀" : ($v["score"] >= 60 ?
"及格" : "不及格")) . "<br>";
}, $score);
$avg = array_sum(array_column($score, "score")) / count($score); //计算平均分
$avg = round($avg); //四舍五入
echo "平均分: " . $avg . "<br>";
$max = max(array_column($score, "score")); //查找最高分
echo "最高分: " . $max . "<br>";
$min = min(array_column($score, "score")); //查找最低分
echo "最低分: " . $min . "<br>";
$count = count(array_filter($score, function ($v) {
    return $v["score"] >= 85;
})); //统计优秀人数
echo "优秀人数: " . $count . "<br>";
?>
```

数组操作函数的使用运行结果如图 2-42 所示。

图 2-42　数组操作函数的使用运行结果

代码实现的是一个简单的学生成绩统计程序。首先，定义了一个包含学生代码和成绩的数组$score。然后，使用 array_push()函数添加了一个新的成绩到数组中。接下来，使用 array_map()函数遍历数组

$score，并根据学生的成绩输出相应的考试成绩等级。接着，使用 array_sum()和 array_column()函数计算数组$score 中成绩的平均分，并使用 round()函数对平均分进行四舍五入。然后，使用 max()和 min()函数查找数组$score 中的最高分和最低分。最后，使用 array_filter()函数和一个匿名函数统计数组$score 中成绩优秀的学生人数。

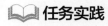 **任务实践**

2.6.10 使用自定义函数实现对诗词目录的操作

自定义函数在编程中的应用目的主要是实现代码重用，以进行模块化设计，减少重复代码，以及用一种结构化的方式来组织和管理代码，提高可读性和可维护性。通过函数的封装和调用，可实现对特定功能的抽象和复用，使程序更加清晰、灵活，提高开发效率。

【例 2-42】下面的代码演示了使用自定义函数操作诗词目录。

```php
<?php

// 定义一个诗词数组
$poetries = [
    ['title' => '月下独酌', 'author' => '李白', 'dynasty' => '唐代'],
    ['title' => '月夜', 'author' => '杜甫', 'dynasty' => '唐代'],
    ['title' => '月夜', 'author' => '刘方平', 'dynasty' => '唐代'],
];

// 定义一个函数，用于列出诗词目录
function listPoetries($poetries)
{
    echo "诗词目录: <br>";
    foreach ($poetries as $poetry) {
        echo "标题: {$poetry['title']}, 作者: {$poetry['author']}, 朝代: {$poetry
['dynasty']}<br>";
    }
}

// 定义一个函数，用于搜索诗词
function searchPoetry($poetries, $keyword)
{
    $results = [];
    foreach ($poetries as $poetry) {
        // 检查标题或作者是否包含关键字
        if (strpos($poetry['title'], $keyword) !== false || strpos($poetry['author'],
$keyword) !== false) {
            $results[] = $poetry;
        }
    }
    return $results;
}

// 定义一个函数，用于添加诗词
function addPoetry(&$poetries, $title, $author, $dynasty)
{
```

```
    $newPoetry = ['title' => $title, 'author' => $author, 'dynasty' => $dynasty];
    $poetries[] = $newPoetry;
    echo "<h4>新诗词加入: $title</h4>";
}


// 列出诗词目录
listPoetries($poetries);

// 定义一个搜索关键字
$searchKeyword = '月夜';
// 搜索诗词
$searchResults = searchPoetry($poetries, $searchKeyword);

// 如果有搜索结果则列出, 否则提示没有找到相关内容
if (!empty($searchResults)) {
    echo "<h4>关键字【{$searchKeyword}】的查询结果: </h4>";
    listPoetries($searchResults);
} else {
    echo "没有找到 '$searchKeyword' 相关内容。<br>";
}

// 添加诗词
addPoetry($poetries, '春晓', '孟浩然', '唐代');

// 列出诗词目录
listPoetries($poetries);
?>
```

使用自定义函数操作诗词目录的运行结果如图 2-43 所示。

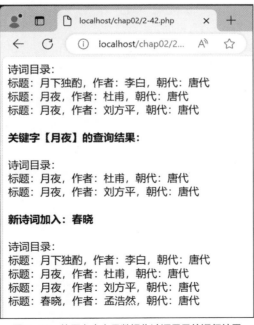

图 2-43 使用自定义函数操作诗词目录的运行结果

这段 PHP 代码实现的是一个简单的诗词目录管理程序。首先，定义了一个诗词数组，其中包含几首诗的标题、作者和朝代信息。接下来，定义了几个函数。

第一个函数是 listPoetries()，用于列出诗词目录。它通过遍历诗词数组，将每首诗的标题、作者和朝代输出。

第二个函数是 searchPoetry()，用于搜索诗词。它检查标题和作者是否包含关键字，如果找到匹配的诗词，则将其添加到结果数组中，并在最后返回结果。

第三个函数是 addPoetry()，用于添加诗词到诗词数组。它接收诗词的标题、作者和朝代作为参数，创建一个新的诗词数组，并将其添加到原有的诗词数组中。

在主程序中，首先调用 listPoetries()函数，列出诗词目录。然后，定义一个搜索关键字，并调用 searchPoetry()函数进行诗词搜索。接着，调用 addPoetry()函数，添加一首新的诗词到诗词数组中。最后再次调用 listPoetries()函数，列出更新后的诗词目录。

项目实践　获取农历年信息

【实践目的】

通过编写代码实践函数，读者能够从简单到复杂来理解代码，培养编程思维和逻辑思维。在解决实际问题的过程中，提高自己解决问题的能力，为今后的职业发展奠定坚实的基础。

【实践过程】

天干、地支是中国古代的一种时间纪年、纪月、纪日、纪时的方法，起源于对天象的观测。它由两组符号组成，即天干和地支。

天干包括 10 个符号，分别是甲、乙、丙、丁、戊、己、庚、辛、壬、癸。这些符号按照顺序循环使用，从甲开始，到癸结束，然后重新开始。

地支则包括 12 个符号，分别是子、丑、寅、卯、辰、巳、午、未、申、酉、戌、亥。地支同样按照顺序循环，从子开始，到亥结束，然后重新开始。

天干和地支相互配合，形成 60 个基本组合，称为六十甲子。这种组合方式使得每一个天干、地支的组合都是唯一的，可以用来表示特定的年份等。例如，甲子、乙丑、丙寅等，以此类推，直到癸亥，然后循环回到甲子，形成一个完整的 60 年周期。

十二生肖则是地支的形象化代表，即每个地支对应一种动物，这些动物分别是鼠（子）、牛（丑）、虎（寅）、兔（卯）、龙（辰）、蛇（巳）、马（午）、羊（未）、猴（申）、鸡（酉）、狗（戌）、猪（亥）。这种对应关系使得地支具有了形象化的特征，便于人们记忆和使用。

公历是目前国际上通用的历法，实质上是一种阳历，即以地球围绕太阳公转的周期为基础来计算年份。根据历史记载，公元 1 年在中国农历上是辛酉年，也就是鸡年。辛在十天干中排倒数第三，酉在十二地支中也排倒数第三。这意味着，如果我们知道某个公历年份在天干和地支中的排位，就可以推算出对应的农历年。

【例 2-43】下面的代码演示了使用自定义函数根据公历年获取农历年信息。

```php
<?php
//函数 nongli()，用于获取指定年份的农历年信息
function nongli($year)
{
    //判断输入的年份是否为整型值
    is_int($year) or die("请输入一个有效的年份。");
    //定义天干数组
    $tian_gan = ["甲", "乙", "丙", "丁", "戊", "己", "庚", "辛", "壬", "癸"];
```

```
    //定义地支的数组
    $di_zhi = ["子", "丑", "寅", "卯", "辰", "巳", "午", "未", "申", "酉", "戌", "亥"];
    //定义生肖的数组
    $sheng_xiao = ["鼠", "牛", "虎", "兔", "龙", "蛇", "马", "羊", "猴", "鸡", "狗",
"猪"];

    //计算年份的天干序号
    $t = ($year - 3) % 10;
    //如果小于或等于0，则加上10
    $t = $t <= 0 ? $t + 10 : $t;
    //计算年份的地支序号
    $d = ($year - 3) % 12;
    //如果小于或等于0，则加上12
    $d = $d <= 0 ? $d +.12 : $d;
    //输出指定年份的农历年信息
    return "公元{$year}年是农历{$tian_gan[$t - 1]}{$di_zhi[$d - 1]}年，生肖
{$sheng_xiao[$d - 1]}<br>";
    }
    //调用函数 nongli()
    echo nongli(1);
    echo nongli(2023);
    echo nongli(2024);
    ?>
```

使用自定义函数根据公历年获取农历年信息的运行结果如图 2-44 所示。

图 2-44 使用自定义函数根据公历年获取农历年信息的运行结果

代码定义了一个名为 nongli() 的函数，该函数接收一个年份作为参数，并计算出该年份的农历信息，包括天干、地支和生肖。函数首先检查输入的年份是否为整型值，然后使用求模运算计算出天干和地支的序号，最后根据这些序号计算数组偏移量，从预定义的数组中选取对应的元素构造出农历年信息并返回。

项目小结

本项目涵盖 PHP 语言知识，包括 PHP 标记、变量、常量、数据类型、运算符、流程控制语句、函数等内容。这些知识是掌握 PHP 编程的基石，对初学者来说至关重要。

通过本项目的学习，读者可了解 PHP 标记的灵活运用，能够将 PHP 代码无缝嵌入 HTML 代码，实现动态网页的创建。在探索变量和数据类型时，读者能够学到如何定义和使用不同类型的数据，从简单的整型值和字符串到复杂的数组，还可深入了解比较运算符和逻辑运算符，为编写逻辑严密的代码打下基础。

此外，通过学习流程控制语句，读者将能够编写灵活的程序，根据不同的条件执行不同的代码块，以及使用循环结构简化对重复性任务的处理。函数的学习不仅包括如何创建和调用函数，还涉及参数传

递、返回值和作用域等，这为编写模块化和可复用的代码提供了基础。

数组和字符串是 PHP 中常用的数据结构，在本项目中，读者可以深入了解如何使用数组存储和处理数据，以及字符串的各种操作和处理方法。这些基础知识为读者打下了坚实的基础，使他们能够更好地理解 PHP 编程语言的核心概念，并能够在实际项目中应用所学知识。

课后习题

一、选择题

1. 在 PHP 中，（　　）的作用域是全局。
   A. 局部变量
   B. 静态变量
   C. 超级全局变量
   D. 以上都不对

2. 下列符号中，（　　）用于字符串连接。
   A. +　　　　　　　　B. .　　　　　　　　C. ,　　　　　　　　D. :

3. PHP 中的单行注释标记是（　　）。
   A. //　　　　　　　　B. --　　　　　　　　C. <!-- -->　　　　　D. /* */

4. PHP 预定义变量（　　）用于获取客户端的 IP 地址。
   A. $_SERVER['REMOTE_ADDR']
   B. $_SERVER['HTTP_USER_AGENT']
   C. $_SERVER['SERVER_ADDR']
   D. $_SERVER['SERVER_NAME']

5. PHP 中的运算符&&和 and 的区别是（　　）。
   A. 没有区别，完全相同　　　　　　　B. &&的优先级高于 and
   C. and 的优先级高于&&　　　　　　　D. 当第一个条件为假时，是否计算第二个条件

6. （　　）函数用于在 PHP 中创建新的数组。
   A. new_array()　　　　　　　　　　B. array_create()
   C. array()　　　　　　　　　　　　D. create_array()

7. 在 PHP 中，关键字（　　）用于自定义函数。
   A. method　　　　　B. func　　　　　C. function　　　　D. def

8. 运算符（　　）用于在 PHP 中判断两个值是否相等且类型相同。
   A. ==　　　　　　　B. ===　　　　　　C. =　　　　　　　D. !=

9. 在 PHP 中，（　　）语句用于输出数据到浏览器。
   A. echo　　　　　　B. printout　　　　C. display　　　　D. write

10. 下列符号中，（　　）用于结束 PHP 语句。
    A. ;　　　　　　　B. :　　　　　　　C. .　　　　　　　D. ,

二、填空题

1. 在 PHP 中，语句必须以 _____ 结尾。

2. PHP 脚本通常以 _____ 开始，以 _____ 结束。

3. 在 PHP 中，要检查变量是否已经被声明并且不为 null，可以使用 _____ 函数。

4. 在 PHP 中，变量名前面需要使用 _____ 符号。

5. 在 PHP 中，要获取当前 UNIX 时间戳，可以使用 _____ 函数。

项目3
PHP目录与文件操作

03

【知识目标】

- 理解文件操作的基本概念。
- 掌握实现文件读取和写入的函数。

【能力目标】

- 能够创建目录。
- 能够实现文件的读取和写入。

【素质目标】

- 培养解决实际问题的能力。
- 培养逻辑思维能力。

情境引入 使用文件操作功能保存中国古代诗词

　　中国古代诗词是中华文化的瑰宝，它们以深邃的意境、精练的语言和丰富的情感，跨越了千年的历史长河，至今仍然被人们传颂和欣赏。从《诗经》的古朴风韵，到唐诗宋词的辉煌成就，每一篇诗词都是诗人情感的抒发和智慧的结晶。它们不仅反映了古代社会的风貌，也蕴含着哲学思考和人生哲理，是中华民族文化自信的重要依托。

　　在现代社会，我们可以通过多种方式来保存和传承这些珍贵的文化遗产。通过将诗词保存在电子文件中，我们可以确保这些文字资料的长期保存。同时，电子文件的便携性和易于分享的特性，也使得诗词的传播更加广泛和便捷。

　　在PHP中，我们可以利用其强大的文件操作功能，轻松地将诗词保存到文本文件中。这样的操作不仅简单易行，而且可以自动化，非常适合大规模的文本处理任务。通过编写简单的脚本来管理诗词文件，我们可以创建一个诗词库，方便检索、编辑和分享。这不仅有助于诗词的保存，也为研究者和爱好者提供了便利，让他们能够更容易地接触到这些美丽的文字。中国古代诗词是人类文明的宝贵财富，而使用文件保存诗词则是我们对这一文化遗产的尊重和传承的表现。通过现代技术的力量，我们可以确保这些诗词在未来的岁月里继续流传，激励一代又一代的人。

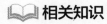

任务 3.1　目录操作

📖 相关知识

3.1.1　打开与关闭目录

文件系统是计算机存储和组织数据的方式，它允许用户和程序访问、存储和检索信息。在文件系统中，数据被组织成目录（在 Windows 系统中也被称为文件夹）和文件。

目录是文件系统中的一种容器，用于组织和管理文件。目录可以包含文件和子目录，形成树状结构，这使得文件系统层次分明，便于用户导航和查找。在访问本地目录时，UNIX 环境下目录的间隔符是斜杠"/"，Windows 环境下目录的间隔符可以是斜杠"/"或者双反斜线"\\"。

在 PHP 中，使用 opendir($path)函数可以打开目录。这个函数需要一个参数$path，即目录的路径。如果目录存在并且有权限访问，那么函数会返回一个目录句柄，否则返回 false。示例代码如下。

```
$handle = opendir('/path/to/directory');
if ($handle) {
    // 目录打开成功
} else {
    // 目录打开失败
}
```

使用 closedir($handler)函数可以关闭之前通过 opendir()打开的目录，这个函数需要传入之前获取的目录句柄。示例代码如下。

```
closedir($handle);
```

在 PHP 中处理目录时，需要理解目录路径中的一些特殊符号，"."表示当前目录，".."表示上级目录。

3.1.2　创建和删除目录

在 PHP 中，创建和删除目录通常涉及 mkdir()和 rmdir()函数。这两个函数分别用于创建新目录和删除空目录。

要创建一个新目录，可以使用 mkdir($dir,$permission,$recursive)函数。函数参数$dir 是新目录的路径，参数$permission 是目录的权限（默认为八进制数 0777），参数$recursive 表示是否创建父目录（默认为 false，表示不创建）。示例代码如下。

```
$path = '/path/to/directory';
if (mkdir($path, 0777, true)) {
    //目录创建成功
} else {
//目录创建失败
}
```

要删除一个目录，需要使用 rmdir($dir)函数。这个函数只能删除空目录。如果目录不为空，则需要先删除目录下的所有文件和子目录。示例代码如下。

```
$path = '/path/to/directory';
if (rmdir($path)) {
    //目录删除成功
} else {
```

```
//目录删除失败
}
```

3.1.3 浏览目录

打开目录后，可以使用 readdir()函数来遍历目录中的文件和子目录。每次调用这个函数都会返回目录中下一个子项的名字，在返回所有子项的名字后，函数返回 false。

使用 while 循环配合 readdir($handler)函数可以实现对目录下所有子项的遍历，参数$handler 是通过 opendir()函数得到的目录句柄。示例代码如下。

```php
if ($handle = opendir('/path/to/directory')) {
    /* 这是正确的遍历目录的方法 */
    while (false !== ($entry = readdir($handle))) {
        echo "$entry\n";
    }

    /* 这是错误的遍历目录的方法 */
    while ($entry = readdir($handle)) {
        echo "$entry\n";
    }
}
```

在 PHP 中，当使用 readdir()函数遍历目录时，需要注意"0"这个特殊的子项名。因为"0"在 PHP 的布尔值判断中会被自动转换为布尔值 false，这会导致在 while 循环中出现逻辑判断错误。为了避免出现这个问题，应该使用"!=="运算符来确保类型正确。

【例 3-1】下面的代码演示了目录的基本操作。

```php
<?php
// 获取当前文件所在的目录
$dir=__DIR__;
// 打开当前目录
$handle = opendir($dir);
// 如果无法打开目录，则退出程序
if ($handle === false) {
    die("无法打开目录: $dir\n");
}
// 创建临时目录
$dir_tmp=$dir.'/临时目录';
mkdir($dir_tmp);
// 循环读取目录中的文件
while(false!== ($entry = readdir($handle))){
    // 输出文件名
    echo $entry . "<br>";
}
// 删除临时目录
rmdir($dir_tmp);
// 关闭目录
closedir($handle) ;
?>
```

目录的基本操作运行结果如图 3-1 所示。

图 3-1　目录的基本操作运行结果

　　代码的作用是通过预定义常量"__DIR__"获取当前文件所在的目录，并打开该目录；然后创建一个临时目录，循环读取目录中的文件并输出文件名；最后删除临时目录并关闭目录。根据运行结果可以看到"."和".."也被作为目录信息输出。

3.1.4　其他目录相关函数

除了前面介绍的目录函数，PHP 还提供了其他一些常用的目录相关函数。

1. is_dir()函数

is_dir($dir)函数可以检查给定的参数$dir 是否为目录。如果参数是目录，则返回 true；如果不是目录或者路径不存在，则返回 false。

2. scandir()函数

scandir($dir)函数可以列出指定$dir 目录中的文件和目录。函数返回一个数组，包含目录中的文件和目录名。注意，目录名除了常见的目录外，还包括容易被忽略的当前目录"."和上级目录".."。

3. chdir()函数

chdir($dir)函数可以改变当前工作目录到参数$dir 指定的位置。如果成功改变目录，则返回 true；如果失败（例如路径不存在或没有权限），则返回 false。

4. file_exists()函数

file_exists($path)函数可以检查文件或目录是否存在，参数$path 是要检查的目录或者文件路径。如果不存在则返回 false，存在则返回 true。

【例 3-2】下面的代码演示了目录相关函数的使用。

```php
<?php
//获取当前文件所在的目录
$dir = dirname($_SERVER['DOCUMENT_ROOT']) ;
//打开当前目录
$handle = opendir($dir);
//初始化文件总数和目录总数
$total_dir = 0;
$total=0;
//获取当前目录下的所有文件
$files=scandir($dir);
//改变当前工作目录
chdir($dir);
//遍历当前目录下的所有文件
foreach ($files as $file) {
    //判断$file 是否为目录
    if (is_dir($file)) {
        //输出当前文件名
```

```
        echo $file;
        //目录总数加1
        $total_dir++;
        //如果目录总数除以8余数为0，则换行
        echo $total_dir%8==0? '<br />': ' , ';
    }
    //文件总数加1
    $total++;
}
//换行
echo '<br />' ;
//输出文件总数和目录总数
echo '总数 ' . $total . '<br />';
echo '目录数 ' . $total_dir . '<br />';
//关闭当前目录
closedir($handle);
?>
```

目录相关函数的使用运行结果如图 3-2 所示。

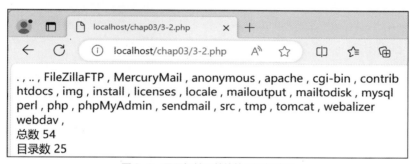

图 3-2　目录相关函数的使用运行结果

代码遍历服务器文档根目录下的所有文件和子目录，并输出子目录的名称、文件和子目录总数以及目录数。

注意代码中 chdir() 函数的使用。如果不使用 chdir()，那么代码可能无法正确地处理相对路径，因为它们基于当前代码所在目录而不是 $dir。这可能会导致脚本无法访问所需的文件或目录，也可能导致文件或者目录类型判断失败。

📖 任务实践

3.1.5　创建诗人目录

随着计算机技术的发展，使用计算机存储诗词不仅对诗词的保存和传播有积极影响，也为研究和欣赏诗词提供了便利。

【例 3-3】使用目录操作函数创建诗人目录，代码如下。

```
<?php
// 定义一个数组，用来存储诗人信息
$poet = array(
    array("dynasty" => "唐", "name" => "李白"),
```

```
    array("dynasty" => "唐", "name" => "杜甫"),
    array("dynasty" => "唐", "name" => "白居易"),
    array("dynasty" => "宋", "name" => "苏轼"),
    array("dynasty" => "宋", "name" => "李清照"),
    array("dynasty" => "宋", "name" => "辛弃疾"),
    array("dynasty" => "元", "name" => "马致远"),
    array("dynasty" => "元", "name" => "关汉卿"),
    array("dynasty" => "元", "name" => "王实甫"),
    array("dynasty" => "明", "name" => "唐寅"),
    array("dynasty" => "清", "name" => "袁枚")
);

// 使用 array_map() 函数遍历 $poet 数组，对每一项执行一次回调函数来创建目录
array_map(function ($poet){
    // 定义目录路径
    $dir="./3-3/{$poet['dynasty']}/{$poet['name']}/";
    // 判断目录是否存在，若不存在则创建目录
    if(!is_dir($dir) && mkdir($dir, 0777, true)){
        echo "目录 $dir 创建成功<br>";
    }else{
        echo "目录 $dir 创建失败，请检查目录是否已存在<br>";
    }
},$poets);
?>
```

使用目录操作函数创建诗人目录的运行结果如图 3-3 所示。

图 3-3 使用目录操作函数创建诗人目录的运行结果

代码定义了一个数组$poet，用于存储诗人的信息。然后使用 array_map()函数遍历$poet 数组，对每一项执行一次回调函数。回调函数用来创建目录，并输出创建成功或失败的提示信息。

任务 3.2 文件操作

相关知识

3.2.1 文件打开与关闭

文件是存储在磁盘或其他存储介质上的一组数据。文件可以包含各种类型的数据，如文本、图像、音频、视频和程序代码。

在 PHP 中使用 fopen($file, $mode)函数打开文件。参数$file 表示想要打开的文件的路径。如果文件存在，则返回一个资源句柄。如果文件不存在或者没有该文件的访问权限，则返回 false。参数$mode 是一个字符串，指定了文件的打开方式。fopen()函数打开方式的取值及说明如表 3-1 所示。

文件操作

表 3-1 fopen()函数打开方式的取值及说明

取值	说明
r	只读模式（默认）
w	只写模式，如果文件不存在则创建，如果文件已存在则清空文件内容
a	追加模式，如果文件不存在则创建，如果文件已存在则在文件末尾添加内容
x	创建并写入模式，如果文件已存在则返回 false
r+	读写模式，如果文件不存在则返回 false
w+	读写模式，如果文件不存在则创建，如果文件已存在则清空文件内容
a+	读写模式，如果文件不存在则创建，如果文件已存在则在文件末尾添加内容

fopen()函数的示例代码如下。

```
$file = fopen('file.txt', 'r');
if ($file === false) {
    // 文件打开失败
    exit;
}else{
    // 文件打开成功
}
```

在完成文件操作后，应该使用 fclose($handle)函数关闭文件以释放资源。参数$handle 是需要关闭的文件的句柄，如果关闭成功则返回 true，否则返回 false。

fclose()函数的示例代码如下。

```
$file = fopen('file.txt', 'r');
if (fclose($file)) {
    // 文件关闭成功
}else{
    // 文件关闭失败
}
```

3.2.2 文件读取

在 PHP 中，有多个函数可用于读取文件内容，以下是一些常用的文件读取函数。

1. fread()函数

fread($handle, $len)函数中的参数$handle 是需要读取文件的句柄。参数$len 是每次读取的最大字节数，$len 的最大取值为 8192。函数返回读取的内容，若读取失败则返回 false。

fread()从文件中读取最多$len 字节。读取在满足以下条件之一时停止：读取了$len 字节、到达文件的结尾、在网络流读取时发生超时。

在 PHP 中，读取任意长度的数据通常涉及处理大型文件或流式数据。对于大型文件，直接读取整个文件可能会消耗大量内存，因此通常采用读取任意长度的 fread()函数。

2. file_get_contents()函数

file_get_contents($file)函数中的参数 $file 是一个字符串，表示要读取的文件名。在使用 file_get_contents()函数的时候，不需要另外使用 fopen()函数和 fclose()函数打开及关闭文件。

在 PHP 中，file_get_contents()函数对于处理文本文件特别有用，尤其在需要处理整个文件的内容时。它可以将整个文件的内容读取到一个字符串中，如果失败，那么函数将返回 false。

3. readfile()函数

readfile($file)函数中的参数$file 是一个字符串，表示要读取的文件名。函数的作用是输出文件$file 的内容到浏览器，不返回值；如果失败，则返回 false。这个函数通常用于直接在浏览器中显示文件内容。

【例 3-4】使用 fread()函数读取文件，代码如下。

```php
<?php
// 打开文件 3-4.txt
$file=fopen('3-4.txt','r');
// 定义一个空字符串
$content='';
// 如果文件打开成功
if(false!==$file){
    // 循环读取文件内容
    while(!feof($file)){
        // 将文件内容拼接到$content 中
        $content.=fread($file,1024);
    }
    // 关闭文件
    fclose($file);
}
// 将文档中的换行符换成 HTML 换行符
$content=str_replace("\n","<br>",$content);
// 输出$content
var_dump( $content);
?>
```

使用 fread()函数读取文件的运行结果如图 3-4 所示。

图 3-4　使用 fread()函数读取文件的运行结果

代码的功能是打开一个名为 3-4.txt 的文件，读取文件内容并将其输出。需要注意在打开文件返回句柄时，打开模式需要具备读取权限。

【例 3-5】 使用 file_get_contents() 函数读取文件，代码如下。

```php
<?php
// 定义文件路径
$filePath = '3-5.txt';
// 读取文件内容
$fileContent = file_get_contents($filePath);
// 将换行符替换为 HTML 标签
$fileContent=str_replace("\n","<br>",$fileContent);
// 判断文件内容是否读取成功
if ($fileContent === false) {
    echo "文件读取失败，处理错误";
} else {
    // 输出文件内容
    echo $fileContent;
}
?>
```

使用 file_get_contents() 函数读取文件的运行结果如图 3-5 所示。

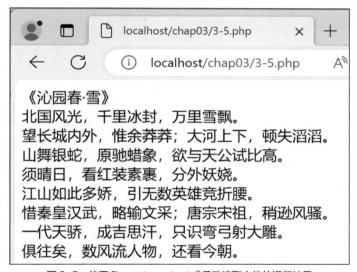

图 3-5　使用 file_get_contents() 函数读取文件的运行结果

代码通过 file_get_contents() 函数读取一个文本文件的内容，并将换行符替换为 HTML 标签后输出。函数可能返回布尔值 false，但也可能返回等同于 false 的非布尔值，所以需要使用 "===" 运算符来判断函数的返回值。

3.2.3　文件写入

在 Web 应用中，文件写入是一个核心需求。文件写入常用于存储用户数据、记录系统日志、生成和导出报告、创建数据备份、缓存内容以提高性能、处理和保存大文件的中间状态，以及管理用户上传的文件等。这些应用场景涉及从数据持久化到系统监控的多个方面，对构建高效、可靠的 Web 应用至关重要。

在 PHP 中，有几个常用的文件写入函数，它们允许向文件中写入数据。以下是一些常用的文件写入函数。

1. fwrite()函数

fwrite($handle,$content)函数用于向打开的文件写入数据。参数$handle 是要写入文件的句柄，参数$content 是要写入的字符串。

2. file_put_contents()函数

file_put_contents($file,$data)函数中的参数$file 表示要写入的文件。参数$data 表示要写入的数据，可以是字符串、数组或者数据流。

file_put_contents()提供了一种简单且直接的方式来处理文件写入操作，它可以将数据写入文件。在使用 file_put_contents()函数的时候，不需要另外使用 fopen()函数和 fclose()函数来打开及关闭文件。

【例 3-6】下面的代码演示了 fwrite()函数的使用。

```php
<?php
// 以写入模式打开文件 3-6.txt
$file = fopen('3-6.txt', 'w');
// 如果打开失败，则输出错误信息
if ($file === false) {
    die("无法打开文件。");
}
// 定义要写入的内容
$content = "《破阵子·为陈同甫赋壮词以寄之》
[宋]辛弃疾
醉里挑灯看剑，梦回吹角连营。
八百里分麾下炙，五十弦翻塞外声，沙场秋点兵。
马作的卢飞快，弓如霹雳弦惊。
了却君王天下事，赢得生前身后名。
可怜白发生! ";
// 将内容写入文件
fwrite($file, $content);
// 关闭文件
fclose($file);
?>
```

fwrite()函数的使用运行结果如图 3-6 所示。

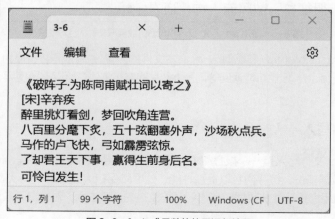

图 3-6　fwrite()函数的使用运行结果

代码的主要功能是以写入模式打开一个名为 3-6.txt 的文件。如果打开失败，则会输出错误信息。然后，定义了要写入文件的内容，并将内容写入文件，最后关闭文件。

使用写入函数保存数据时，需要 fopen()函数以具备写入权限的模式（例如"w""r+""a"等）打开文件，否则会报错。

【例 3-7】下面的代码演示了 file_put_contents()函数的使用。

```php
<?php
// 定义一个数组，用来存储诗文
$poems = [
    "《静夜思》—— 李白\n 床前明月光，疑是地上霜。\n 举头望明月，低头思故乡。\n",
    "《春望》—— 杜甫\n 国破山河在，城春草木深。\n 感时花溅泪，恨别鸟惊心。\n 烽火连三月，家书抵万金。\n 白头搔更短，浑欲不胜簪。\n",
];

// 将诗文存储到 3-7.txt 文件中
file_put_contents('3-7.txt',$poems);
?>
```

file_put_contents()函数的使用运行结果如图 3-7 所示。

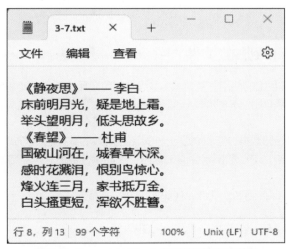

图 3-7　file_put_contents()函数的使用运行结果

代码定义了一个数组$poems，用来存储两首诗，然后使用 file_put_contents()函数将这两首诗存储到名为 3-7.txt 的文件中。

file_put_contents()函数默认是覆盖模式写入，如果想使用追加模式在文件末尾添加内容，则需要传入第三个参数，值是系统常量 FILE_APPEND，示例代码如下。

```php
file_put_contents('3-7.txt',$poems,FILE_APPEND);
```

file_put_contents()是一个非常实用的函数，它简化了文件写入的过程，使得在 PHP 脚本中处理文件更加便捷。

3.2.4　其他文件相关函数

除了前面介绍的文件函数，PHP 还提供了其他一些常用的文件相关函数。

1.　is_file()函数
is_file($filename)函数可以判断给定的名称是否存在且是一个文件。参数$filename 是需要判断的文件的名称。

2. filesize()函数

filesize($filename)函数用于获取文件大小。参数$filename 是需要获取大小的文件的名称。

3. unlink()函数

unlink($filename)函数用于删除文件。参数$filename 是需要删除的文件的名称。

4. filemtime()函数

filemtime($filename)函数用来获取文件的修改时间。参数$filename 是需要获取修改时间的文件的名称。

5. copy()函数

copy($source, $dest)函数可以复制文件。参数$source 表示源文件路径，参数$dest 表示目标文件路径。

6. rename()函数

rename($from, $to)函数可以重命名文件或目录。参数$from 是原名字，参数$to 是新名字。如果$to 指定了不同的目录，那么函数会尝试移动文件或目录。如果重命名文件时$to 已经存在，那么将会覆盖它。如果重命名目录时$to 已经存在，那么函数会输出一个警告。

📖 **任务实践**

3.2.5 将诗词保存到独立文件

在 PHP 开发中，多维数组的使用非常普遍。多维数组可以用来存储和组织复杂的数据结构，它们在处理多种类型的数据时非常有用。本例涉及一个 PHP 多维数组，其中包含几位诗人的信息，包括他们的姓名、朝代以及代表作。

数组在计算机内存中存储数据，它提供了一种灵活且高效的数据组织方式。然而，数组中的数据是临时的，一旦程序执行完毕，这些数据就会消失。为了长期保存数据，需要将数组内容持久化，即将之保存到持久存储介质中。

【例 3-8】实现将诗词保存到独立文件，代码如下。

```php
<?php
// 包含每位诗人信息的数组，包括姓名、朝代和代表作
$poets = array(
    array("dynasty" => "唐", "name" => "李白", "poems" => array(
        array("title" => "静夜思", "content" => "床前明月光，疑是地上霜。举头望明月，低头思故乡。"),
        array("title" => "将进酒", "content" => "君不见黄河之水天上来，奔流到海不复回。")
    )),
    array("dynasty" => "唐", "name" => "白居易", "poems" => array(
        array("title" => "忆江南", "content" => "江南好，风景旧曾谙。日出江花红胜火，春来江水绿如蓝。能不忆江南？",)
    )),
    array("dynasty" => "宋", "name" => "苏轼", "poems" => array(
        array("title" => "水调歌头", "content" => "明月几时有，把酒问青天。"),
        array("title" => "江城子·密州出猎", "content" => "老夫聊发少年狂，左牵黄，右擎苍，锦帽貂裘，千骑卷平冈。")
    ))
```

```
);

// 遍历诗人列表，为每个诗人创建一个目录，并将每个诗人的诗分别存入目录中
echo "下列内容将分别保存到独立的.txt 文件中。<br>";
echo "<ul>";
array_map(function ($poet) {
    echo "<li>";
    echo "{$poet['name']},{$poet['dynasty']}代诗人，代表作: ";
    echo "<ul>";
    // 遍历诗人列表
    foreach ($poet['poems'] as $poem) {
        // 输出诗的标题和内容
        echo "<li>《{$poem['title']}》: {$poem['content']}</li>";
        // 定义目录路径
        $dir= "3-8/{$poet['dynasty']}/{$poet['name']}";
        // 如果目录不存在，则创建目录
        if(!file_exists($dir)){
            mkdir($dir,0777,true);
        }
        // 将诗的内容写入文件
        file_put_contents("$dir/{$poem['title']}.txt", $poem['content']);
    }
    echo "</ul>";
    echo "</li>";
}, $poets);
echo "</ul>";
?>
```

将诗词保存到独立文件的运行结果如图 3-8 所示。

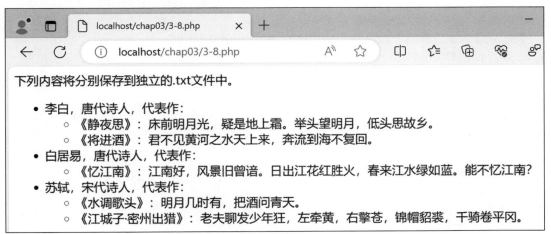

图 3-8　将诗词保存到独立文件的运行结果

代码创建了一个名为$poets的嵌套数组，其中包含不同的诗人、他们所在的朝代以及代表诗词信息。通过遍历这个数组，代码在目录"3-8"下面为每位诗人创建了一个子目录，并将每首诗以独立文本文件的形式保存在相应的目录中。代码还生成了HTML页面，展示了将要保存的诗人及其作品的信息。

项目实践 保存页面访问统计日志

【实践目的】

通过学习文件操作，读者能够熟练地进行文件的读写、创建和删除等基本操作，加深对文件系统运作机制的理解，培养解决实际问题的能力，这不仅对数据处理、配置文件管理等非常有用，还可在编程和应用开发方面奠定坚实的基础，为日后的职业发展提供重要的支持。

【实践过程】

页面访问统计日志对网站管理和优化具有重要的意义，以下是一些常见的应用场景。

1. 流量分析

统计日志可以帮助网站管理员了解网站的访问流量，包括访问量的高低、繁忙时段和流量来源。通过分析流量，网站管理员可以了解用户行为，优化内容以满足用户需求，提升用户体验。

2. 页面热度

统计访问日志，可以得知哪些页面受到用户青睐被频繁访问。这有助于了解哪些内容更受欢迎，进而进行有针对性的内容更新和优化。

3. 异常检测

定期审查访问日志有助于发现异常访问行为，如异常高的访问量、频繁的错误请求等。这有助于及时发现可能存在的安全问题，以采取相应的防护措施。

4. 性能优化

通过分析访问日志，可以了解页面加载时间、响应时间等性能指标。这有助于发现性能瓶颈，优化网站的加载速度，提高用户满意度。

5. 决策支持

统计日志是网站运营和决策的重要依据。网站管理员可以根据统计数据制定战略、调整业务方向，并做出更明智的决策。

总体而言，页面访问统计日志是网站管理和优化的基础，可提供宝贵的数据支持，帮助网站更好地适应用户需求、提升运营效率和保障网站安全。

【例 3-9】实现简单的页面访问统计日志功能，并提供日志下载功能。

3-9.php 的作用是将页面访问统计日志保存到文件，并提供下载超链接，代码如下。

```php
<?php
// 定义日志文件路径
$logFilePath = 'access_log.txt';
// 获取访问者的 IP 地址
$ip = $_SERVER['REMOTE_ADDR'];
// 获取访问时间
$date = date('Y-m-d H:i:s');
// 构建日志信息
$logInfo = "$date - IP: $ip - Page: {$_SERVER['REQUEST_URI']}\n";
// 追加写入日志文件
file_put_contents($logFilePath, $logInfo, FILE_APPEND | LOCK_EX);
?>
<a href="3-9-download.php">下载日志</a>
```

代码使用$_SERVER['REMOTE_ADDR']获取访问者的 IP 地址，使用 date('Y-m-d H:i:s')获取访问的日期和时间，然后将访问者的 IP 地址、访问时间和访问的页面信息记录到日志文件中。

file_put_contents()函数中的 FILE_APPEND 常量表示追加写入；LOCK_EX 常量表示在写入时

对文件进行锁定,以防止多个进程同时写入而导致冲突。对这两个常量通过运算符"|"进行计算,最终的结果表示在写入时追加内容,并且对文件进行锁定,可确保在同一时间只有一个进程能够执行写入操作,有效地防止潜在的并发写入冲突。

3-9-download.php 的作用是从服务器上获取一个日志文件并将其作为附件下载到客户端,代码如下。

```php
<?php
$file = "access_log.txt";
if (file_exists($file)) {
    // 设置响应头,告诉浏览器输出的是一个文件,并指定文件名
    header('Content-Type: application/octet-stream');
    header('Content-Disposition: attachment; filename="access_log.txt"');
    header('Content-Transfer-Encoding: binary');
    header('Content-Length: ' . filesize($file));
    // 清空输出缓冲区
    ob_clean();
    // 将文件内容输出到输出缓冲区
    readfile($file);
    flush();
    exit;
} else {
    // 如果文件不存在,则输出错误信息
    echo '文件不存在! ';
}
?>
```

运行代码后,打开生成的日志文件,页面访问统计日志如图 3-9 所示。

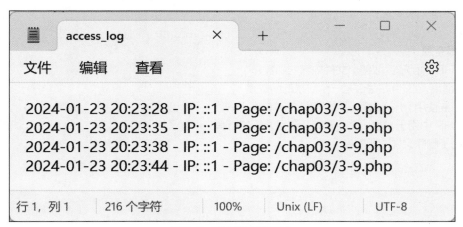

图 3-9　页面访问统计日志

项目小结

本项目介绍了 PHP 的目录与文件操作相关函数。目录和文件操作功能为开发者提供了丰富的工具,使开发者能够灵活、高效地管理服务器上的文件系统。通过文件存在性检查,开发者可以在运行时检查文件是否存在,为动态创建文件和目录提供基础。在删除文件和目录方面,PHP 同样提供了强大的支持。这使得开发者能够方便地清理不需要的目录和文件,确保文件系统整洁有序。在遍历文件夹和文件方面,

PHP 提供了多种函数，以便快速、准确地定位和处理目标文件夹及文件。对于文件读写而言，PHP 的文件句柄操作为开发者提供了极大的灵活性。通过使用 fopen()和 fclose()等函数，开发者可以轻松地打开和关闭文件句柄，确保对资源的正确管理。同时，fread()和 fwrite()等函数允许开发者自由读取和写入文件内容，为文件内容的定制性处理提供了广泛的选择。

　　PHP 提供了全面的解决方案，使得开发者能够更加便捷地处理目录和文件，从而提升 Web 应用的整体效率和可维护性。

课后习题

一、单选题

1. PHP 中用于创建目录的函数是（　　　）。
   A. create_folder()　　　　　　　　　B. make_dir()
   C. mkdir()　　　　　　　　　　　　　D. create_directory()
2. 下列函数中，（　　）用于读取整个文件内容到一个字符串中。
   A. read_file_contents()　　　　　　　B. file_get_contents()
   C. readfile()　　　　　　　　　　　　D. get_file_content()
3. 在 PHP 中，通过（　　　）函数可以删除一个目录。
   A. unlink　　　　　B. delete_dir()　　　　C. remove_dir()　　D. rmdir()
4. 若要在文件末尾追加内容，应使用（　　　）参数来调用 file_put_contents()函数。
   A. FILE_APPEND　　　　　　　　　　B. APPEND_FILE
   C. ADD_CONTENT　　　　　　　　　　D. ADD_TO_END
5. PHP 中用于检查文件是否存在的函数是（　　　）。
   A. file_exists()　　　　　　　　　　　B. check_file()
   C. exists_file()　　　　　　　　　　　D. validate_file()

二、填空题

1. PHP 中用于读取整个文件内容的函数是＿＿＿＿＿＿。
2. 判断给定文件名是否是一个目录的函数是＿＿＿＿＿＿。
3. 若要使用 PHP 函数创建一个新文件并写入内容，可以使用＿＿＿＿＿＿函数。
4. PHP 中用于删除一个目录以及该目录下的所有文件和子目录的函数是＿＿＿＿＿＿。
5. 用于删除文件的函数是＿＿＿＿＿＿。

项目4
PHP面向对象编程

04

【知识目标】

- 理解类与对象。
- 理解面向对象的基本特性。
- 理解面向对象的其他特性。
- 理解单例模式。

【能力目标】

- 能够根据需求设计合适的类。
- 能够利用面向对象特性提高代码的重用性。
- 能够运用面向对象的思想解决实际编程问题。

【素质目标】

- 培养持续学习的能力。
- 培养严谨、实事求是的工作态度。

情境引入　使用类和对象描述中国戏曲

　　中国戏曲有着长期的孕育过程，远在秦汉时期就已经有了戏曲的胚胎。隋唐时期，有了戏曲的雏形。但是戏曲作为一种独立存在与发展的艺术形态，直到宋代才形成。中国戏曲主要有五大剧种：京剧、越剧、黄梅戏、评剧、豫剧。京剧是中国戏曲的代表，也是国粹之一。

　　中国戏曲与编程中的类和对象之间没有直接的关联，但是可以通过类比的方式来理解它们之间的相似之处。

1. 类的划分

　　面向对象编程中的类是对现实世界中事物的抽象。在中国戏曲中，可以根据不同的表演类型、角色行当或地域特点等因素，将戏曲划分为不同的类。例如，可以将戏曲分为京剧、越剧、黄梅戏等类别，每个类别都具有独特的表演风格、唱腔和表演技巧等。这些类别可以看作是面向对象编程中的不同类，它们代表戏曲的各种特点和属性。

2. 属性和方法

　　在面向对象编程中，类的属性表示对象的特征，方法表示对象的行为。在中国戏曲中，每个类别（如京剧、越剧等）都有其独特的属性，如唱腔、表演风格、服饰等。同时，每个类别也有相应的方法（即表演技巧和表现手法），如唱、念、做、打等。这些属性和方法共同构成了戏曲类别的基本特征。

3. 继承与扩展

面向对象编程中的继承允许一个类继承另一个类的属性和方法，同时可以扩展新的属性和方法。在中国戏曲中，各种戏曲类别之间可能存在一定的关联和影响。例如，某些地方戏曲可能受到了京剧的影响，吸收了部分京剧的表演元素。这种情况下，我们可以认为这些地方戏曲继承了京剧类的部分特征，同时具有自己独特的属性和方法。

4. 多态与表现

面向对象编程中的多态是指对不同类的对象能以相同的方式进行操作。在中国戏曲中，虽然各个戏曲类别具有不同的特点，但它们都遵循一定的表演规律和艺术原则。这意味着，尽管各个戏曲类别在表现形式上有所不同，但它们都可以用类似的方式进行欣赏和评价。这种多态性表现在戏曲表演中，就是各种戏曲类别都可以为观众带来独特的艺术享受。

任务 4.1 类与对象

📖 相关知识

4.1.1 面向对象编程的概念

面向对象是指"一切事物皆可当成对象"的思想，类似的事物可以被抽象成具有相同特征和行为的概念，同一个概念下具体实例的特征或者行为又具有独立性。例如，每一个进校学习的人都可以称为"学生"，学生就是概念，具有姓名、年龄、电话、家庭地址等特征和吃饭、学习、运动等行为。学生概念下每一个具体的人就是实例。类和对象的关系如图 4-1 所示。

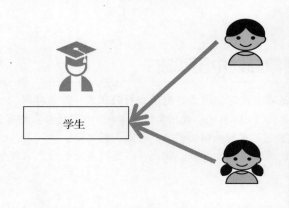

图 4-1 类和对象的关系

面向对象程序设计（Object-Oriented Programming，OOP）是一种编程思想，是指将编程需要用到的数据按照面向对象的思想划分，将具有相似概念的代码抽象成类，将功能封装成类中的方法，将特征定义成类的属性。在程序中根据需要用概念"类"创建具体的"实例"，也就是"对象"。例如前面的例子中的学生就是一个类，姓名、年龄、电话等就是属性，吃饭、学习等行为就是方法，张三和李四就是这个学生类下具体的对象。

4.1.2 定义类与创建对象

PHP 中使用关键字 class 定义类，class 后面跟类的名字和一对大括号"{ }"。大括号表示类体，类体里面可以定义类的成员，包括常量、属性和方法。属性就是之前学习的变量，也称为成员变量。方法是之前学习的函数，也称为成员方法。变量和函数因为封装到类中所以换了一种称呼，以符合面向对象编程的习惯。定义类的基本语法结构如下。

```
class 类名{
    //定义常量、属性和方法的代码
    const 常量名 = 值;
    var $属性名 = 值;
    function 方法名(参数列表){
    }
}
```

类名由数字、字母和下画线构成，首字母不能是数字。类名习惯上首字母大写，如果名字由多个单词组成，则采用驼峰式命名法。类中使用关键字 const 定义常量，在定义的同时需要赋值，因为常量无法再修改。类中使用关键字 var 定义属性，属性名遵守变量的命名规则，属性名需要紧跟在美元符号"$"后面。方法的定义和函数的定义一致。

【例 4-1】下面的代码演示了类的定义。

```php
<?php
class Student
{
    // 定义一个常量，用于表示类型
    const TYPE_ALIAS = "学生";
    // 定义一个属性，用于存储学生姓名
    var $name;
    // 定义一个属性，用于存储学生年龄，默认值为 18
    var $age = 18;
    // 定义一个属性，用于存储学生电话号码
    var $tel;
    // 定义一个属性，用于存储学生地址
    var $address;
    // 定义一个方法，用于描述学生吃饭的喜好
    function eat($food)
    {
        echo "我喜欢吃" . $food;
    }
}
?>
```

这段代码定义了一个名为 Student 的类，表示学生。该类包含学生的姓名、年龄、电话号码和地址等属性，以及一个描述学生吃饭喜好的方法。例 4-1 的代码执行后不会有任何输出，因为定义类只是声明了一种数据类型，并没有实际赋值使用。

类定义了一个抽象概念，需要通过类创建出具体的对象才能使用。可以使用关键字 new 并在后面加

上类的名字和括号"()"来创建对象，如果创建对象时不需要传递参数，那么括号可以省略。对象是一种数据类型，所以对象可以赋值给变量，语法结构如下。

```
$变量名 = new 类名(参数列表);
```

或者如下。

```
$变量名 = new 类名;
```

创建对象也可以称为实例化对象，基于同一个类可以创建多个对象。创建对象成功后系统会为之分配独立的内存空间，对象的成员属性保存在各自独立的内存空间里面，所以修改某个对象的成员属性不会影响其他对象的相应成员属性。

可以使用操作符"->"访问对象的属性和方法，使用操作符"::"访问对象的常量。需要特别注意的是，通过对象访问属性时，属性前面的美元符号不需要写。

【例 4-2】创建并使用对象，代码如下。

```php
<?php
class Student
{
    const TYPE_ALIAS = "学生";
    var $name;
    var $age = 18;
    var $tel;
    var $address;
    function eat($food)
    {
        echo "我喜欢吃" . $food . "<br>";
    }
}

$stu1 = new Student();
// 调用 eat()方法
$stu1->eat("饺子");
// 输出类型
echo "类型: " . $stu1::TYPE_ALIAS . "<br>";
// 输出姓名
echo "姓名: " . $stu1->name . "<br>";
// 输出年龄
echo "年龄: " . $stu1->age . "<br>";
// 修改姓名
$stu1->name = "张三";
// 输出赋值后的姓名
echo "赋值后的姓名: " . $stu1->name . "<br>";
?>
```

程序运行结果如图 4-2 所示。

程序创建了一个名为$stu1 的学生对象，并对其进行了一系列操作。首先对学生对象调用了 eat()方法，传入参数"饺子"。接着通过$stu1::TYPE_ALIAS 访问了学生类的常量 TYPE_ALIAS，并将其与字符串"类型:"拼接输出。然后通过$stu1->name 和$stu1->age 分别访问了学生对象的姓名和年龄，并将其与相应的字符串拼接输出。最后将学生对象的姓名赋值为"张三"，并输出赋值后的姓名。

图 4-2　创建并使用对象的运行结果

4.1.3　构造方法与析构方法

构造方法是类中一种特殊的方法，当通过 new 实例化对象时，会自动调用类的构造方法。如果没有在代码中显式编写构造方法，类会提供默认的无参数构造方法，并且内容为空。旧版 PHP 可以使用与类同名的函数作为构造方法，但是从 PHP 7 开始，构造方法必须使用__construct()定义。

PHP 不支持同名函数，所以 PHP 也不支持方法的重载（方法名相同，但是参数不同）。所以 PHP 中的构造方法只能有一个，如果显式编写了带参数的构造方法，那么无参数构造方法就不存在了，创建对象时需要为构造方法提供实参。

析构方法与构造方法相反，是将某个对象从内存中销毁时执行的方法。析构方法的名字是__destruct()，且不能有参数。PHP 的垃圾回收机制在对象不能被访问时就会自动启动，回收对象占用的内存空间。析构方法在使用垃圾回收机制回收对象之前调用，例如 PHP 文件执行完毕或者使用 unset()函数释放对象时都会调用析构方法。

实际开发中，构造方法一般用来接收参数，并给属性赋值；析构方法一般用来回收对象中使用的资源，比如关闭文件、释放数据库连接。

【例 4-3】下面的代码演示了构造方法和析构方法的使用。

```php
<?php
// 定义一个类 Student
class Student
{
    // 定义一个属性$name
    var $name;

    // 定义一个构造函数，传入参数$name
    function __construct($name)
    {
        // 将传入的参数$name 赋给类属性$name
        $this->name = $name;
        // 输出一条提示信息
        echo $this->name . "的构造方法被执行<br>";
    }
    // 定义一个析构函数
    function __destruct()
    {
        // 输出一条提示信息
        echo $this->name . "的析构方法被执行<br>";
    }
```

```
    }
    // 实例化 Student 对象
    $stu1 = new Student("张三");
    $stu2 = new Student("李四");
    // 销毁对象，释放内存
    unset($stu1);
    echo "*** ***<br>";
    ?>
```

构造方法和析构方法的使用运行结果如图4-3所示。

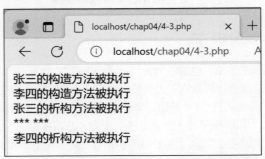

图4-3　构造方法和析构方法的使用运行结果

代码定义了一个名为 Student 的类，它具有一个属性（$name）和两个方法（__construct()
和__destruct()）。构造方法__construct()在实例化对象时被调用，用于初始化对象的属性，并输出对
象的名字。析构方法__destruct()在销毁对象时被调用，用于回收对象的资源，并输出对象的名字。

4.1.4　伪变量$this

PHP 面向对象编程中存在一个伪变量"$this"，用来指向"当前对象"。$this 像变量一样以$开
头，但是无法手动赋值，由 PHP 在创建对象时完成赋值，所以称为伪变量。

在声明类中方法的时候，我们无法预知调用对象的名字，所以在类的方法中通过$this 代替将来的调
用对象，通过$this 在类的方法中访问该对象的属性和方法。$this 只能在类的方法中使用，其他地方不
能使用$this，而且调用不了不属于当前对象的内容。在使用$this 访问某个属性时，后面只需要跟属性
的名称，不需要$，例如$this->name。

【例 4-4】下面的代码演示了伪变量$this 的使用。

```
<?php
// 定义 Student 类
class Student
{
    // 定义$name 属性
    var $name;
    // 定义$tel 属性
    var $tel;
    // 定义构造函数
    function __construct($name, $tel)
    {
        // 输出当前对象
        var_dump($this);
        echo "<br>";
```

```
            // 给$name 属性赋值
            $this->name = $name;
            // 给$tel 属性赋值
            $this->tel = $tel;
            // 输出当前对象
            var_dump($this);
            echo "<br>";
            // 调用 hi()方法
            $this->hi();
        }
        // 定义 hi()方法
        function hi()
        {
            // 通过$this->name 使用当前对象的 name 属性
            echo "大家好，我是" . $this->name . "<br>";
        }
    }

    // 实例化两个 Student 对象
    $stu1 = new Student("张三", "13980000000");
    $stu2 = new Student("李四", "13990000001");
    ?>
```

伪变量$this 的使用运行结果如图 4-4 所示。

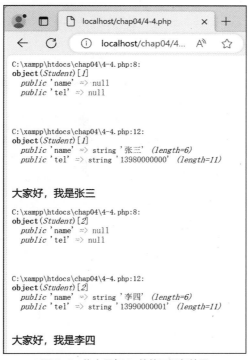

图 4-4　伪变量$this 的使用运行结果

代码定义了一个名为 Student 的类，该类具有$name 和$tel 两个属性，有一个构造方法和一个 hi()

方法，并且在方法中通过$this 访问当前对象的实例。在面向对象的编程中，$this 是一个特殊的变量，它指向当前对象的实例。

4.1.5　static 关键字和 "::" 操作符

1. static 关键字

PHP 中可以使用 static 关键字来修饰变量、修饰类的成员以及实现静态绑定。

（1）修饰变量

static 关键字可以放在局部变量名前面，被修饰的局部变量称为静态变量。静态变量在函数执行完毕后不会被销毁，下次调用函数时可以继续使用静态变量在上次被调用后保留的值。

static 关键字

（2）修饰类的成员

static 关键字可以放在类的属性或者方法前面，被修饰的属性或方法称为静态属性或静态方法。与普通成员只能通过对象调用不同，静态成员还可以通过类名调用，不需要创建对象。

静态方法可以不通过对象调用，这时不存在对象，所以静态方法中不能使用伪变量$this，且静态方法中不能使用非静态的成员属性或者方法。

需要特别注意的是，静态属性是该类所有对象共享的，如果修改了某个对象的静态属性，那么其他所有该类对象的静态属性会一起改变。

（3）实现静态绑定

静态绑定主要用在继承中，表示代码的运行范围不再是代码所在类，而在代码运行时根据实际情况判断具体的类。

2. "::" 操作符

PHP 中，两个冒号 "::" 是范围解析操作符，操作符的左边是解析范围（即解析的作用域），操作符的右边是操作内容。

解析范围可以是具体的对象名、类名，也可以是关键字 parent、self 或 static。其中，parent 表示父类，self 表示代码所在的当前类，static 表示调用这个方法的类。操作内容可以是静态成员、常量或者父类的成员。

"::" 操作符

【例 4-5】下面的代码演示了 static 关键字和范围解析操作符的使用。

```php
<?php
// 定义一个类 FourGreatInventions
class FourGreatInventions
{
    // 定义一个静态属性$name
    static $name = "中国古代四大发明";
    // 定义一个静态方法 show()
    static function show()
    {
        // 输出静态属性$name
        echo static::$name . "<br>";
    }

    // 定义一个方法 introduce()
    function introduce($detail)
    {
        // 定义一个静态变量$index,并赋值为1
        static $index = 1;
```

```
        // 将参数$detail 赋给静态属性$name
        static::$name = $detail;
        // 输出静态变量$index,并将其自增 1
        echo $index++ . ".";
        // 调用静态方法 show()
        static::show();
    }
}

// 调用静态方法 show()
FourGreatInventions::show();
// 实例化一个 FourGreatInventions 对象
$f = new FourGreatInventions();
// 调用 FourGreatInventions 对象的 introduce()方法,传入参数"造纸术"
$f->introduce("造纸术");
// 调用 FourGreatInventions 对象的 introduce()方法,传入参数"印刷术"
$f->introduce("印刷术");
// 调用 FourGreatInventions 对象的 introduce()方法,传入参数"火药"
$f->introduce("火药");
// 调用 FourGreatInventions 对象的 introduce()方法,传入参数"指南针"
$f->introduce("指南针");
?>
```

static 关键字和范围解析操作符的使用运行结果如图 4-5 所示。

图 4-5   static 关键字和范围解析操作符的使用运行结果

代码定义了一个名为 FourGreatInventions 的类,其中包含一个静态属性$name、一个静态方法 show(),以及一个方法 introduce()。静态方法 show()用于输出静态属性$name 的值,方法 introduce() 用于将传入的参数赋给静态属性$name,并输出静态变量$index 和调用静态方法 show()的结果。

程序首先使用范围解析操作符通过类名调用静态方法 show(),输出了静态属性$name 的初始值。然后实例化了一个 FourGreatInventions 对象$f,并调用它的 introduce()方法,传入了 4 个不同的参数。每次调用 introduce()方法都会将参数赋给静态属性$name,并输出静态变量$index 和调用静态方法 show()的结果,即输出静态属性$name 的值。

📖 任务实践

4.1.6   定义戏曲类并创建对象

越剧与京剧是中国戏曲的两个重要分支,它们在表演形式、音乐、服饰等方面存在一些差异。在面向对象编程思想中可以通过类和对象来描述它们之间的关系。

【例 4-6】定义戏曲类并创建对象，代码如下。

```php
<?php
// 定义一个类 ChineseOpera
class ChineseOpera{
    // 定义一个属性$name
    var $name;
    // 定义一个属性$style
    var $style;
    // 定义一个方法 show()
    function show(){
        // 输出$name 属性和$style 属性
        echo "<b>{$this->name}</b> : {$this->style}<br/>";
    }
}

// 实例化一个 ChineseOpera 类，并赋值
$jing=new ChineseOpera();
$jing->name="京剧";
$jing->style= "以刚健、豪迈、气魄宏大的形象为主，在表演上以功夫表演和脸谱变化为特色。";
// 调用 show()方法
$jing->show();

// 实例化一个 ChineseOpera 类，并赋值
$yue=new ChineseOpera();
$yue->name="越剧";
$yue->style= "注重情感的表达，以"水袖"为代表，追求舞台上的柔美和流畅。";
// 调用 show()方法
$yue->show();
?>
```

定义戏曲类并创建对象的运行结果如图 4-6 所示。

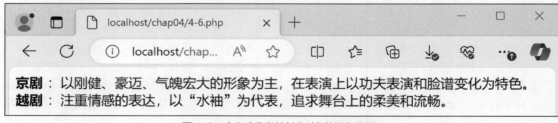

图 4-6　定义戏曲类并创建对象的运行结果

根据面向对象的思想，可以将类似的事物抽象成具有相同特征和行为的类。上面的代码将中国戏曲抽象成类 ChineseOpera，具有戏曲类别$name 和戏曲风格$style 两个特征，以及戏曲介绍行为 show()。创建京剧$jing 和越剧$yue 两个对象并分别赋值特征，然后调用各自的行为 show()，在页面中输出每个对象自己的信息。

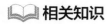

任务 4.2　面向对象的基本特性

相关知识

4.2.1　封装

面向对象编程中，封装是指将成员属性和成员方法放在一起组成类，隐藏类中成员的实现细节，控制外部代码对成员的访问权限。封装的主要目的是隐藏对象内部的实现细节，只暴露出有限的接口供外部访问，以此来提高代码的安全性和可维护性。封装具有以下优点。

1. 保护数据

封装可以防止对象的内部数据被外部直接访问和修改，确保数据的完整性和安全性。

2. 提高代码可维护性

封装使得代码的结构更加清晰，易于理解和维护。当对象的内部实现发生变化时，外部代码不需要做出相应的改变，因为封装提供了稳定的接口。

3. 提高代码重用性

封装使得对象可以在不同的程序和环境中重用，提高了代码的重用性。

4. 降低耦合度

封装降低了对象之间的耦合度，使得程序的各个部分更加独立，便于修改和扩展。

在面向对象的编程语言中，封装通常通过访问修饰符来实现。PHP 提供了 3 个修饰符用于控制类中成员的访问权限，分别是 public、protected 和 private。

1. public

public 修饰符表示公共访问权限。被 public 修饰的类的成员可以被外部代码、父类、子类和当前类访问。

2. protected

protected 修饰符表示受保护访问权限。被 protected 修饰的类的成员不能被外部代码访问，但是可以被父类、子类和当前类访问。

3. private

private 修饰符表示私有权限。被 private 修饰的类的成员只能被当前类访问。

访问权限修饰符需要放在成员声明的前面，语法结构如下。

```
class 类名{
    //带访问权限的常量、属性和方法
    访问权限 const 常量名 = 值;
    访问权限 $属性名 = 值;
    访问权限 function 方法名(参数列表){
    }
}
```

注意，当修饰属性时，定义属性的关键字 var 需要省略。另外，在 PHP 中，如果没有给类的成员加上访问权限修饰符，则默认权限为 public。

【例 4-7】下面的代码演示了访问修饰符的使用。

```
<?php
class Poetry
{
```

```
        protected $title;
        //定义诗词类型名称
        private const TYPE_NAME = "诗词";
        //构造函数，传入诗词标题
        public function __construct($title)
        {
            //将传入的标题赋给实例变量
            $this->title = $title;
            //调用实例方法 show()
            $this->show();
        }
        //定义 show()方法，用于显示诗词类型和标题
        private function show()
        {
            //输出诗词类型
            echo "类型: " . $this::TYPE_NAME . "<br>";
            //输出诗词标题
            echo "标题: " . $this->title;
        }
    }

    // 创建一个对象 Poetry
    $p1 = new Poetry("龟虽寿");

    // 访问$title 属性
    echo $p1->title;          //错误：无法访问 private 成员
    // 访问 TYPE_NAME 属性
    echo $p1::TYPE_NAME;      //错误：无法访问 protected 成员
    // 访问 show()方法
    $p1->show();              //错误：无法访问 private 成员
?>
```

访问修饰符的使用运行结果如图 4-7 所示。

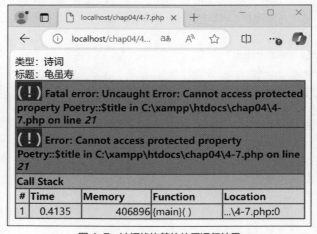

图 4-7　访问修饰符的使用运行结果

程序中创建了$p1 对象，并且访问该对象的成员的代码属于 Poetry 类的外部代码，所以 Poetry 类公共的构造方法可以被访问，输出了类型和标题信息。但是 Poetry 类中私有的或者受保护的成员无法访问，程序执行到对应代码就会报错。

4.2.2 继承

继承

在面向对象编程中，继承是一种核心概念，它允许一个类（子类）从另一个类（父类）那里继承属性和方法。这有助于减少重复代码，提高代码的可重用性和可维护性。被继承的类称为父类，也可以称为超类；继承父类的类称为子类，也可以称为派生类。当一个类继承自另一个类时，子类可以访问并使用父类中的非私有（public 或 protected）属性和方法。在 PHP 中，继承是通过使用关键字 extends 来实现的，语法结构如下。

```
class 子类 extends 父类{}
```

PHP 不支持多继承，所以一个子类只能继承一个父类，但是同一个父类可以被多个不同的子类继承。

【例 4-8】下面的代码演示了继承的使用。

```php
<?php
class ChineseCulture
{
    // 构造函数，在实例化类时调用
    function __construct()
    {
        echo "<h3>中国文化，博大精深</h3>";
    }
}

// 定义一个类 GongFu，继承自 ChineseCulture
class GongFu extends ChineseCulture
{
    function show()
    {
        echo "<b>功夫</b>，是中华民族智慧的结晶，是中华优秀传统文化的体现，是世界上独一无二的"武化"。它讲究刚柔并济、内外兼修，是中国劳动人民长期积累起来的宝贵文化遗产。<br>";
    }
}

// 定义一个类 WeiQi，继承自 ChineseCulture
class WeiQi extends ChineseCulture
{
    function show()
    {
        echo "<b>围棋</b>，起源于中国，古代称为"弈"，围棋至今已有 4000 多年的历史。据先秦典籍《世本》记载："尧造围棋，丹朱善之。"<br>";
    }
}

// 实例化 GongFu 类
$g = new GongFu();
// 调用 GongFu 类的 show()方法
$g->show();
```

```
// 实例化 WeiQi 类
$w = new WeiQi();
// 调用 WeiQi 类的 show()方法
$w->show();
?>
```

继承的使用运行结果如图 4-8 所示。

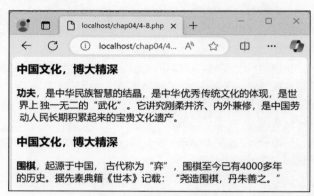

图 4-8 继承的使用运行结果

ChineseCulture 类是父类，GongFu 类和 WeiQi 类都是它的子类，子类从父类中继承了公共的构造方法，所以创建子类对象都会执行子类继承到的构造方法。子类中还有各自的方法 show()，对不同子类的对象调用 show()方法会输出不同的内容。

4.2.3 多态

多态是面向对象编程除封装和继承之外的第三大特性。多态允许不同类的对象对同一方法调用做出不同的响应。多态是面向对象编程的一个强大工具，它使得代码更加灵活和可扩展，同时提高了代码的复用性。通过理解和应用多态，开发者可以编写出更加健壮和适应性强的应用程序。以下是多态的一些常见应用。

1. 方法重载

某些编程语言在一个类中可以有多个同名的方法，但它们的参数列表必须不同。这使得使用同一个方法名时可以根据传入的参数类型和数量，选择合适的方法执行不同的任务。但是由于 PHP 不支持同名方法，所以这种方式在 PHP 中不可行。

2. 方法重写

在子类中，可以重写父类的方法，即提供一个新的方法实现。当子类对象调用这个方法时，会执行子类中的实现，而不是父类的实现。这允许子类根据其特定的需求定制行为。

3. 接口实现

一个类可以实现一个或多个接口，这些接口定义了一组方法。实现接口的类必须提供这些方法的具体实现。这样，任何实现了相同接口的类都能以统一的方式被处理，而不管它们的具体实现细节。

4. 抽象类和抽象方法

抽象类可以包含抽象方法，这些方法没有具体的实现，子类必须重写这些抽象方法。这种机制可以在不指定具体实现的情况下定义类的行为，从而实现多态。

【例 4-9】下面的代码演示了使用方法重写实现多态。

```
<?php
// 定义一个类 Animal
```

```php
class Animal
{
    // 定义一个方法 makeSound()
    public function makeSound()
    {
        echo "动物能够发出声音<br>";
    }
}

// 定义一个 Dog 类, 继承自 Animal 类
class Dog extends Animal
{
    // 重写 makeSound()方法
    public function makeSound()
    {
        // 输出"汪汪汪……"
        echo "汪汪汪……<br>";
    }
}

// 定义一个 Cat 类, 继承自 Animal 类
class Cat extends Animal
{
    // 重写 makeSound()方法
    public function makeSound()
    {
        // 输出"喵喵喵……"
        echo "喵喵喵……<br>";
    }
}
// 定义一个 makeAnimalSound()方法, 接收一个 Animal 类型的参数
function makeAnimalSound(Animal $animal)
{
    // 调用 Animal 类中的 makeSound()方法
    $animal->makeSound();
}

// 使用多态
$animal = new Animal();
$dog = new Dog();
$cat = new Cat();
// 调用 makeAnimalSound()方法, 传入 Animal 类型的参数
makeAnimalSound($animal);
// 调用 makeAnimalSound()方法, 传入 Dog 类型的参数
makeAnimalSound($dog);
// 调用 makeAnimalSound()方法, 传入 Cat 类型的参数
makeAnimalSound($cat);
?>
```

使用方法重写实现多态的运行结果如图 4-9 所示。

127

图4-9 使用方法重写实现多态的运行结果

代码定义了一个 Animal 类，其中包含一个 makeSound()方法，用于输出动物能够发出的声音信息。然后定义了一个 Dog 类和一个 Cat 类，它们都继承自 Animal 类，并重写了 makeSound()方法，分别输出相应的声音信息。

接下来定义了一个 makeAnimalSound()方法，它接收一个 Animal 类型的参数，并调用该参数的 makeSound()方法。

最后创建了一个 Animal 对象、一个 Dog 对象和一个 Cat 对象，并分别调用 makeAnimalSound()方法，传入对应的对象作为参数。虽然 3 次调用了同一个方法，但是由于传入的对象类型不同，因此输出的结果也不同，这就是多态的体现。

📖 **任务实践**

4.2.4　使用面向对象的特性重构戏曲类

在面向对象编程的概念中，我们可以将中国戏曲看作父类，而京剧和越剧则是从这个基类派生出来的子类。在这个类的关系中，京剧和越剧都是中国戏曲的特殊形式，它们继承了戏曲的共性，同时发展出了各自独特的艺术特点。这种类的关系体现了多态性，即不同的子类（京剧和越剧）可以响应相同的方法调用，但会有不同的行为。

【例 4-10】使用面向对象的特性重构戏曲类，代码如下。

```php
<?php
class ChineseOpera
{
    // 定义一个静态属性 TYPE，用于存储中国戏曲的类型
    protected const TYPE = "中国戏曲";
    // 构造方法，用于输出中国戏曲的类型
    function __construct()
    {
        echo static::TYPE . "是中华民族文化的一个重要组成部分。<br>";
    }
    // 定义一个方法 show()，用于输出中国戏曲的类型
    function show()
    {
        echo "戏曲经过长期的发展演变，逐步形成了以"京剧、越剧、黄梅戏、评剧、豫剧"五大戏曲剧种
为核心的中华戏曲百花苑。<hr>";
    }
}

class PekingOpera extends ChineseOpera
{
```

```
    // 定义受保护常量类型
    protected const TYPE = "京剧";
    // 重写 show() 方法
    function show()
    {
        echo "京剧，又称平剧、京戏等，其中的多种艺术元素被用作中国传统文化的象征符号。<hr>";
    }
}

class YueOpera extends ChineseOpera
{
    // 定义受保护常量类型
    protected const TYPE = "越剧";
    // 重写 show() 方法
    function show()
    {
        echo "越剧是中国五大戏曲剧种之一，是目前中国第二大剧种。<hr>";
    }
}

// 定义 test() 函数，用于调用不同类型对象的 show() 方法
function test($obj)
{
    // 调用 show() 方法，输出戏曲信息
    $obj->show();
}

// 调用 test() 函数，传入 ChineseOpera 对象
test(new ChineseOpera());
// 调用 test() 函数，传入 PekingOpera 对象
test(new PekingOpera());
// 调用 test() 函数，传入 YueOpera 对象
test(new YueOpera());
?>
```

使用面向对象的特性重构戏曲类运行结果如图 4-10 所示。

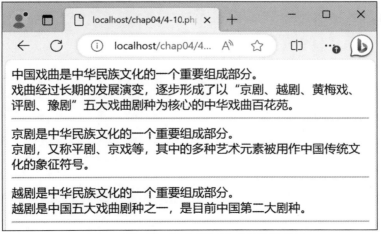

图 4-10　使用面向对象的特性重构戏曲类运行结果

程序演示了面向对象编程多态的特性，对于同样的函数 test()，传入的实参类型不同，输出的结果也会不同。

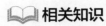

任务 4.3 面向对象的其他特性

相关知识

4.3.1 抽象类

在 PHP 编程语言中，如果类中有一个方法，但尚未决定如何实现它，则可以使用 abstract 关键字来声明该方法为抽象方法。抽象方法的声明不需要包含方法体，只需在方法名后面加上分号。如果一个类包含抽象方法，那么这个类本身也必须是抽象类。可通过在 class 前面加上 abstract 关键字，将类声明为抽象类。例如如下代码。

```
abstract class AbstractClass {
    abstract function abstractMethod();
}
```

其中，abstractMethod()是一个抽象方法，它没有被实现，AbstractClass 是一个抽象类。任何继承 AbstractClass 的子类都需要实现这个方法，或者子类也被声明成抽象类。

不能直接基于抽象类实例化对象，在实际开发中，可以将父类定义成抽象类，将子类需要重写的方法定义成抽象方法，然后让子类继承父类并根据自己的需要实现抽象方法，最后使用子类实例化对象。

抽象类和抽象方法的使用允许我们定义父类的特征和行为，而具体的实现则由子类来完成。这种设计模式有助于提高代码的可重用性和可维护性。

【例 4-11】下面的代码演示了抽象类的使用。

```php
<?php
abstract class Vehicle{
    // 定义一个抽象方法 run()
    abstract function run();
}

class Car extends Vehicle
{
    // 重写父类的 run()方法
    function run()
    {
        echo "汽车在地上跑。<br>";
    }
}

class Aircraft extends Vehicle
{
    // 重写父类的 run()方法
    function run()
    {
        echo "飞机在天上飞。<br>";
    }
}
```

```
// 定义一个函数 test()，用于测试传入的参数是否是 Vehicle 类的实例
function test($obj)
{
    // 判断传入的参数是否是 Vehicle 类的实例
    if ($obj instanceof Vehicle) {
        // 如果是，则调用 run()方法
        $obj->run();
    } else {
        // 如果不是，则提示需要传入 Vehicle 类或者其子类的实例
        echo "需要传入 Vehicle 类或者其子类的实例。";
    }
}

// 调用 test()函数，传入 Car 类的实例
test(new Car());
// 调用 test()函数，传入 Aircraft 类的实例
test(new Aircraft());
// 调用 test()函数，传入整型值 123
test(123);
?>
```

抽象类的使用运行结果如图 4-11 所示。

图 4-11　抽象类的使用运行结果

该代码定义了一个抽象类 Vehicle，其中包含一个抽象方法 run()。还定义了两个类——Car 和 Aircraft，它们都继承了 Vehicle 类并重写了 run()方法。该代码还定义了一个名为 test()的函数，该函数接收一个对象作为参数，并检查该对象是否是 Vehicle 类的实例。如果是，则调用该对象的 run()方法；如果不是，则会显示一条消息，指示需要传入 Vehicle 类或者其子类的实例。

test()函数被调用 3 次，分别传入 Car 实例、Aircraft 实例和 123 这 3 个参数。当传入 Car 实例和 Aircraft 实例时，会调用它们的 run()方法，不同类型的实例会输出不同的结果，这也是多态的一种体现。而当传入 123 时，会显示一条消息，指示需要传入 Vehicle 类或者其子类的实例。

4.3.2　接口

如果某个抽象类中的方法都是抽象方法，那么可以将它定义成接口。使用接口可以指定某个类必须实现哪些方法，但不需要定义这些方法的具体内容。定义接口使用 interface 关键字，语法结构如下。

```
interface 接口名{
    function 方法名(参数列表);
}
```

接口中的方法默认是抽象方法，前面不需要加 abstract 关键字，不能有方法体。接口中定义的所有方法的访问权限都必须是 public，这是接口的特性。

接口中不能有成员属性，但是可以有常量，接口常量的使用方式和类常量完全相同。

不能基于接口直接实例化对象，使用接口时，需要通过另外一个类实现接口中所有的抽象方法，再通过实现类实例化对象。实现类使用 implements 关键字来实现接口，语法结构如下。

```
class 实现类名 implements 接口名{
    ... 实现接口中所有抽象方法 ...
}
```

与一个子类只能继承一个父类不同，一个实现类可以同时实现多个接口。在 implements 关键字后面跟多个接口名，使用逗号","隔开，一个实现类就可以实现多个接口，语法结构如下。

```
class 实现类名 implements 接口名 1,接口名 2,...{
    ... 实现接口中所有抽象方法 ...
}
```

抽象类和接口都是用于实现代码的抽象化及封装的工具，但它们在使用场景上有一些区别。当多个类具有相似的属性和方法时，可以将这些共同的部分抽象到一个抽象类中，然后让这些类继承该抽象类，以实现代码的复用。当多个类需要实现相同的方法，但是这些类之间没有共同的属性或实现细节时，可以使用接口来定义这些方法。

【例 4-12】下面的代码演示了接口的使用。

```php
<?php
interface USB
{
    // 定义接口的常量
    const TYPE_NAME = "USB 设备";
    // 定义接口的方法
    function run();
}
class Udisk implements USB
{
    private $name;
    // 构造函数，传入参数
    function __construct($name)
    {
        $this->name = $name;
    }
    // 实现接口的方法
    function run()
    {
        echo self::TYPE_NAME . $this->name . "运行正常。<br>";
    }
}
class KeyBoard implements USB
{
    private $name;
    // 构造函数，传入参数
    function __construct($name)
    {
        $this->name = $name;
    }
```

```
    // 实现接口的方法
    function run()
    {
        echo self::TYPE_NAME . $this->name . "运行正常。<br>";
    }
}
function test($obj)
{
    // 判断传入参数是否是 USB 接口实现类的实例
    if ($obj instanceof USB) {
        // 如果是，调用 run()方法
        $obj->run();
    } else {
        // 如果不是，输出提示信息
        echo "需要传入 USB 接口实现类的实例。";
    }
}

// 调用 test()函数，传入参数
test(new KeyBoard("键盘"));
test(new Udisk("U 盘"));
test(123);
?>
```

接口的使用运行结果如图 4-12 所示。

图 4-12　接口的使用运行结果

　　该代码演示了接口的使用。在这段代码中，定义了一个名为 USB 的接口，它包含一个常量 TYPE_NAME 和一个方法 run()。然后，有两个类 Udisk 和 KeyBoard 分别实现了这个接口，并实现了 run()方法。

　　test()函数接收一个参数，并判断该参数是否是 USB 接口的实现类的实例。如果是，就调用 run()方法；如果不是，就输出提示信息。传入不同类型的实例会得到不同的输出结果，这是多态的一种体现。

4.3.3　魔术方法

　　PHP 中的魔术方法是指能手动调用，只有在特定条件下才会被系统自动调用的方法。系统提供的以 "__" 开头的方法就是魔术方法，比如前面出现的__construct()和__destruct()。如果想要执行魔术方法，则需要在类中定义魔术方法。下面介绍更多常用的魔术方法。

1．__set()方法和__get()方法

在实际开发中，一般不会允许外部直接访问类中的属性，会通过 private 修饰符将之设置为私有，为

133

私有属性定义公共的访问方法。但是在属性比较多的时候，为每个属性写访问方法会使得代码很复杂，特别是一般的访问方法执行的都是简单赋值和取值等操作。

PHP 提供的__set()方法和__get()方法用于对私有属性进行赋值和取值操作，甚至可以在没有定义属性的情况下使用魔术方法进行访问，一般用法如下。

```
class 类名{
    function __set($name, $value)
    {
        $this->$name=$value;
    }
    function __get($name)
    {
        return $this->$name;
    }
}
```

其中，$name 参数代表访问的属性名，$value 参数是需要赋的值。需要注意，在__set()方法和__get()方法里面，"->"操作符后面是一个变量，需要以"$"开头，这里是将变量$name 的值作为要访问的属性名。

2. __toString()方法

当对象需要自动转换成字符串（例如作为 echo 输出或者字符串运算符的值）时，会调用__toString()方法，一般用法如下。

```
class 类名{
    function __toString(){
        return "希望返回的内容";
    }
}
```

3. __call()方法和__callStatic()方法

一般情况下，调用对象某个不存在的方法时，程序会报错并停止往下执行。如果希望程序在找不到某个方法时还能继续往下执行，或者能够进行更友好的提示，则可以使用__call()方法和__callStatic()方法。前者在找不到非静态方法时被调用，后者在找不到静态方法时被调用。一般用法如下，其中第一个参数$name 代表的是调用的方法名，第二个参数$arguments 代表的是调用时传递的参数列表。

```
class 类名{
    static function __callStatic($name, $arguments)
    {
        ...
    }

    function __call($name, $arguments)
    {
        ...
    }
}
```

4. __clone()方法

在 PHP 中，clone 是一个关键字，用于创建对象的副本。当需要复制对象时，可以使用 clone 关键字。这个副本会包含原始对象的所有属性，但是它们在内存中是相互独立的，对副本的修改不会影响原始对象。

使用 clone 关键字时，通常会在对象的类中重写__clone()方法，以便在复制对象时执行特定的操作，比如初始化属性或者复制资源。如果没有重写__clone()方法，那么将简单地复制对象的所有属性，但不会执行任何额外的初始化或复制逻辑。

```
class 类名{
    function __clone(){
        //复制对象时希望进行的操作
    }
}
```

除了上面介绍的魔术方法，还有很多其他的魔术方法，如__unset()、__isset()等，可以通过在 PHP 官网查看魔术方法进行了解。

除了__construct()、__destruct()和__clone()，所有的魔术方法都必须声明为 public，否则会发出警告信息。

【例 4-13】下面的代码演示了魔术方法的使用。

```php
<?php
class Magic
{
    private $tel;
    // 魔术方法__callStatic()
    static function __callStatic($name, $arguments)
    {
        echo "没有静态方法{$name}()<br>";
    }
    // 魔术方法__call()
    function __call($name, $arguments)
    {
        echo "没有非静态方法{$name}()<br>";
    }
    // 魔术方法__set()
    function __set($name, $value)
    {
        $this->$name = $value;
    }
    // 魔术方法__get()
    function __get($name)
    {
        return $this->$name;
    }
    // 魔术方法__toString()
    function __toString()
    {
        $r = "{ ";
        $arr = get_object_vars($this);
        foreach ($arr as $k => $v) {
            $r .= $k . " : " . $v . ", ";
        }
        $r .= "}";
        return $r;
    }
}

// 静态方法调用
Magic::hi();
```

```
$t = new Magic();
// 非静态方法调用
$t->hi();
// 设置属性
$t->name = "张三";
$t->age = 20;
$t->tel = "13980000000";

// 返回对象的字符串表示
echo $t;
?>
```

魔术方法的使用运行结果如图 4-13 所示。

图 4-13　魔术方法的使用运行结果

代码定义了一个名为 Magic 的类，其中包含一些魔术方法，代码中的 get_object_vars()方法以数组方式返回对象的属性键值对。主程序通过静态方法调用 Magic::hi()，由于该静态方法不存在，所以调用魔术方法__callStatic()。接着，创建了一个 Magic 对象$t，通过非静态方法调用$t->hi()，由于该非静态方法不存在，所以调用魔术方法__call()。然后，通过$t->name = "张三"、$t->age = 20、$t->tel = "13980000000"，分别设置属性$name、$age 和$tel 的值。其中，$tel 是私有成员，$name 和$age 是没有定义的成员，对它们进行访问会调用魔术方法\_\_set()。最后，通过 echo 输出对象$t，会调用魔术方法__toString()返回字符串。echo 本来是无法直接输出对象的，但是提供了魔术方法__toString()的对象可以通过 echo 输出内容。

4.3.4　异常

异常（有时也称错误）是指程序在运行过程中出现的非正常状态，这些非正常状态会让程序偏离预期的运行流程，甚至终止执行。如果不对异常加以处理，那么会给用户带来不好的操作体验。

PHP 5 通过 Exception 类来封装系统中出现的异常信息，该类是异常信息的父类。PHP 7 不再采用旧版的异常封装机制，加入了 Error 类和 Throwable 接口，将大多数的异常以 Error 的形式封装，这是因为旧版的 Exception 类无法处理能导致程序终止执行的致命异常。在 PHP 7 中，致命异常被封装成 Error，可以进行异常处理。PHP 7 中的 Exception 类和 Error 类都实现了 Throwable 接口。

我们可以在需要时通过自定义子类继承 Exception 类来实现自定义异常，然后在代码中通过 throw 关键字抛出自定义异常实例，由异常处理代码捕获并处理。例如，通过自定义异常表示不同的业务逻辑异常，可方便地根据不同原因来进行不同的处理流程。PHP 异常处理机制由 try、catch 和 finally 代码块组成，语法结构如下。

```
try{
    正常流程代码块
}
```

```
catch(Throwable|Exception|Error $e){
    出现异常时的处理代码块
}
finally{
    不管是否发生异常，都会执行的代码块
}
```

try 代码块里面包含可能出现异常的代码，catch 代码块里面包含出现异常时的处理代码块，不管是否发生异常都会执行 finally 代码块。

3 个代码块中，try 代码块是必须出现的，且放在最开始，后面至少有一个 catch 代码块或者 finally 代码块。其中，catch 代码块可以出现多次，finally 代码块最多出现一次且必须是最后的代码块。

如果存在多个 catch 代码块，那么出现异常时，异常处理机制会按照顺序依次匹配 catch 代码块对应的异常，如果某个 catch 代码块匹配成功，那么后面的 catch 代码块将不再执行。

【例 4-14】下面的代码演示了异常的使用。

```php
<?php
// 定义一个异常类 NotEnoughMoneyException，继承自 Exception
class NotEnoughMoneyException extends Exception
{
    // 定义一个属性$message，用于存储异常信息
    protected  $message = "余额不足";
}

// 定义一个函数 transfer()，用于实现余额的转移
function transfer($balance, $amount)
{
    // 如果余额小于转出金额，则抛出一个 NotEnoughMoneyException 异常
    if ($balance < $amount) {
        throw new NotEnoughMoneyException();
    }
    // 余额减去转出金额
    $balance -= $amount;
    // 输出余额
    echo "余额还有{$balance}元<br>";
}

// 尝试执行下面的代码，如果出现异常则捕获异常，并执行相应的代码
try {
    // 输出余额和转出金额
    echo "余额 100 元，转出 200 元<br>";
    // 调用 transfer()函数，实现余额的转移
    transfer(100, 200);
    // 如果前面的代码出现异常，这里就不会执行
    echo "如果前面的代码出现异常，这里就不会执行<br>";
} catch (NotEnoughMoneyException $e) {
    // 捕获 NotEnoughMoneyException 异常，并输出异常信息
    echo "自定义异常: " . $e->getMessage() . "<br>";
} catch (Throwable $t) {
    // 捕获其他异常，并输出异常信息
```

```
      echo "其他异常: " . $t->getMessage() . "<br>";
} finally {
      // 无论是否发生异常，最后都会执行 finally 代码块
      echo "finally 代码块不管是否发生异常，最后都会执行";
}
?>
```

异常的使用运行结果如图 4-14 所示。

图 4-14　异常的使用运行结果

代码定义了一个异常类 NotEnoughMoneyException，用于在余额不足时抛出异常。然后定义了 transfer()函数，用于实现转账，如果余额小于转出金额，则抛出 NotEnoughMoneyException 异常。最后使用 try、catch 和 finally 代码块尝试执行转账操作，如果出现异常，则捕获异常并执行相应的代码。无论是否发生异常，最后都会执行 finally 代码块。通过结果可以看到，transfer(100,200)执行时，由于余额不足抛出异常，导致其后的语句没有执行，程序进入 catch 代码块后继续执行。

📖 **任务实践**

4.3.5　利用面向对象特性实现节目播报程序

面向对象编程是指以对象为基本单元，通过封装、继承和多态等概念来组织和设计代码。下面编写一个简单的晚会节目播报程序，使用面向对象的特性播报晚会上各种类型的节目。

【例 4-15】实现一个简单的节目播报程序，代码如下。

```php
<?php
// 定义 Show 抽象类
abstract class Show
{
    // 定义属性
    protected $name;
    protected $type;

    // 构造方法
    function __construct($name)
    {
        $this->name = $name;
    }
    // 子类公用的方法
    function instroduce()
    {
```

```php
        echo "{$this->type}──《{$this->name}》<br/>";
    }
    // 定义抽象方法 show()，由子类实现
    abstract function show();
}


// 定义或 PekingOpera 类，继承自 Show 类
class PekingOpera extends Show
{
    protected $type = "京剧";
    // 实现 show() 方法
    function show()
    {
        echo "京剧表演……<br/>";
    }
}


// 定义 Xiaopin 类，继承自 Show 类
class Xiaopin extends Show
{
    protected $type = "小品";
    // 实现 show() 方法
    function show()
    {
        echo "小品表演……<br/>";
    }
}


// 定义 GongFu 类，继承自 Show 类
class GongFu extends Show
{
    protected $type = "功夫";
    // 实现 show() 方法
    function show()
    {
        echo "功夫表演……<br/>";
    }
}


// 定义$show_list 数组，存放 PekingOpera、Xiaopin、GongFu 这 3 个类的实例
$show_list = [new PekingOpera ("贵妃醉酒"), new Xiaopin("幸福生活"), new GongFu("南拳")];
// 遍历$ show_list 数组
foreach ($show_list as $index => $show) {
    $index += 1;
    echo "第{$index}个节目是: <br/>";
    $show->instroduce();
    $show->show();
}
?>
```

节目播报程序的运行结果如图 4-15 所示。

图 4-15　节目播报程序运行结果

Show 是一个通用的抽象类，表示节目。这个抽象类包含共有的属性（$name 和$type）和方法（构造方法、instroduce()方法、抽象方法 show()）。

PekingOpera、Xiaopin、GongFu 这些类继承自 Show 抽象类，分别代表具体的节目类型（京剧、小品、功夫）。它们实现了抽象方法 show()，为每个具体的节目类型提供了特定的表演信息。

类中的属性（$name 和$type）被声明为 protected，以限制对它们的直接访问。这样，类的内部细节对外是隐藏的，实现了封装。

抽象类 Show 定义了一个抽象方法 show()，而具体的节目类（PekingOpera、Xiaopin、GongFu）分别实现了这个方法。在遍历$show_list 数组时，可以通过相同的方法名 show()进行调用，但由于多态的作用，具体调用的是每个对象实际类型的 show()方法。

////项目实践　使用单例模式

【实践目的】

本实践运用面向对象编程相关知识点，使用单例模式来解决系统中的特定问题。通过实践，读者能够深入理解面向对象编程的原则，掌握设计模式的应用，同时提升对软件架构和系统设计的理解。

【实践内容】

1995 年出版的著名设计模式教程《设计模式：可复用面向对象软件的基础》，提出和总结了对于一些常见软件设计问题的标准解决方案，称为软件设计模式。它鼓励软件设计人员重用成功的设计方案，以避免"重复造轮子"，有效提高软件开发效率和质量。

单例模式是一种创建型设计模式，它确保一个类只产生一个实例，并提供一个全局访问点。单例实例可以在第一次被访问时创建，这样可以节省资源，尤其是在实例化成本较高时。这种模式在全局资源管理、系统配置、日志记录等场景中经常使用，因为它可以确保资源的唯一性和一致性。

【例 4-16】下面的代码演示了单例模式的使用。

```php
<?php
// 定义一个单例类
class Singleton
{
    // 定义一个私有静态变量，用于保存实例对象
```

```
        private static $instance;
        // 定义构造函数,用于创建实例对象
        private function __construct()
        {
            echo "创建单例对象";
        }

        // 定义一个静态方法,用于获取实例对象
        public static function getInstance()
        {
            // 判断实例对象是否存在,若不存在则创建实例对象
            if (self::$instance == null) {
                self::$instance = new Singleton();
            }
            // 返回实例对象
            return self::$instance;
    }
}
//为了实现单例模式,__clone()方法需要被设置为 private
function __clone(){}
}

// 获取实例对象
$s1 = Singleton::getInstance();
$s2 = Singleton::getInstance();
// 复制实例对象
$s3 = clone $s1;
// 输出比较结果
echo '<br>';
echo '$s1 === $s2 :' . ($s1 === $s2 ? 'true' : 'false');
echo '<br>';
echo '$s1 === $s3 :' . ($s1 === $s3 ? 'true' : 'false');
?>
```

单例模式的使用运行结果如图 4-16 所示。

图 4-16　单例模式的使用运行结果

代码首先定义了一个名为 Singleton 的类,它有一个私有静态属性$instance(用于保存实例对象)。构造函数是私有的,确保其他类不能直接创建该类的实例对象。getInstance()是一个静态方法,用于获取实例对象。在该方法中,首先判断$instance 是否为 null,如果是,则创建一个 Singleton 对象并将其赋值给$instance,然后返回$instance。

接下来的代码通过调用 Singleton::getInstance()方法来获取实例对象$s1 和$s2。由于 Singleton 类只能有一个实例对象,因此$s1 和$s2 将引用同一个对象。

代码中没有私有化__clone()方法，可以通过复制得到对象$s3。通过运行结果可以发现$s1和$s3并不是同一个对象，这样就违背了单例模式中一个类只能产生一个实例的规定。所以为了实现单例模式，还需要将__clone()方法的访问权限改为private，这样就只能通过getInstance()方法得到Singleton类的唯一实例。

项目小结

本项目深入阐述了面向对象编程的核心概念和技术，包括类的创建、对象的实例化，以及如何定义属性和方法、灵活运用访问权限进行权限控制等。

继承使子类能够继承父类的属性和方法，并能在需要时添加新的内容。封装加强了代码的安全性和可维护性，静态成员的引入为类层级的操作提供了更大的灵活性。抽象类和接口的引入可帮助规范代码结构，而多态为方法调用提供了更灵活的方式。

学习本项目可为读者打下构建模块化、可维护和可扩展代码的坚实基础，为读者未来深入研究更高级的面向对象概念奠定良好的基础。

课后习题

一、单选题

1. 在PHP中，关键字（　　）用来定义类。
   A. class B. function C. object D. define
2. 在PHP中，对象的属性和方法可以使用（　　）访问修饰符。
   A. public B. private C. protected D. 以上都是
3. 在PHP中，关键字（　　）用来创建类的实例。
   A. new B. instance C. create D. object
4. 在PHP中，关键字（　　）用来定义静态方法。
   A. static B. shared C. common D. global
5. 在PHP中，关键字（　　）用来定义静态属性。
   A. static B. shared C. common D. global
6. 在PHP中，关键字（　　）用来实现类的继承。
   A. extends B. inherit C. subclass D. parent
7. 在PHP中，关键字（　　）用来定义接口。
   A. interface B. protocol C. contract D. specification
8. 在PHP中，关键字（　　）用来定义抽象类。
   A. abstract B. virtual C. generic D. template

二、填空题

1. 在PHP中，父类和子类之间的关系可以通过关键字_____来实现。
2. 当想保持某个属性只对类及其内部的子类可见时，可以使用修饰符_____。
3. 在PHP中，如果一个类没有显式定义构造函数，那么系统会默认提供一个名为_____的构造函数。
4. 在PHP中，如果一个类的方法被标记为_____，那么它就可以被子类重写。
5. PHP中的接口使用关键字_____定义，它定义了一组抽象方法，实现接口的类必须提供这些抽象方法的具体实现。

项目5
PHP页面交互

05

【知识目标】

- 理解基本页面交互的内容。
- 理解会话机制的内容。

【能力目标】

- 能够在PHP中处理表单数据。
- 能够根据需求实现页面交互功能。
- 能够使用会话实现用户状态管理。
- 能够使用PHP处理AJAX请求。

【素质目标】

- 培养创新思维和创业精神。
- 培养信息安全意识。

情境引入　编辑 2008 年北京奥运新闻页面

　　2008年北京奥运会，即第29届夏季奥林匹克运动会，是一场具有里程碑意义的国际体育盛事，是我国首次举办的夏季奥运会。在北京奥运会的筹备和举办过程中，新建和改造了一些体育场馆，如著名的国家体育场（鸟巢）和国家游泳中心（水立方）等。北京奥运会不仅是一场体育盛会，也是一场文化盛宴。

　　要制作一个动态网页介绍北京奥运会，除了需要掌握PHP的文件操作外，还需要学习如何使用PHP处理表单提交的数据。这包括接收来自用户输入的数据，对其进行验证和处理，然后将结果展示在网页上。通过PHP处理表单提交的数据，可以实现用户与网页的交互功能，例如用户填写一个关于北京奥运会的调查问卷，然后将问卷结果发送给服务器，PHP程序接收并处理这些数据，最后将处理后的结果展示给用户。这样，用户就可以与网页进行实时的互动，并获取他们所关心的内容。

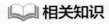

任务 5.1 基本页面交互

相关知识

5.1.1 获取请求数据

在 Web 开发中，GET 和 POST 是两种常见的 HTTP 请求方法，它们在客户端与服务器之间传输数据时有着不同的用途和行为。常见的 GET 请求包括单击超链接请求资源、在地址栏中直接输入地址请求资源、以 GET 方式提交表单和以 GET 方式发送 AJAX 请求。常见的 POST 请求包括以 POST 方式提交表单和以 POST 方式发送 AJAX 请求。

GET 请求具有以下特点。

（1）GET 请求通常用于请求服务器上的资源，如获取网页内容。

（2）数据通过 URL 的查询字符串传递，即在 URL 后面加上问号 "?" 并后跟参数名和值，多个参数之间用 "&" 分隔。

（3）GET 请求的参数是可见的，可以被浏览器保存在历史记录或书签中。

（4）GET 请求的数据量相对较小，因为 URL 长度有限制。

POST 请求具有以下特点。

（1）POST 请求通常用于向服务器发送数据，如提交表单、上传文件等。

（2）数据在 HTTP 请求的主体部分发送，在 URL 中看不见。

（3）POST 请求的数据量没有限制，可以发送大量数据。

（4）POST 请求相对安全，因为数据不在 URL 中，不易被截取。

在开发 PHP Web 应用时，用户通过页面交互向服务器发送数据，这些信息会被提交到服务器，由 PHP 脚本处理。

PHP 使用以下 3 种预定义的超全局变量来接收和处理这些用户输入的数据。

（1）$_GET：用于获取通过 GET 请求传递的参数。

（2）$_POST：用于获取通过 POST 请求传递的数据。

（3）$_REQUEST：这个变量包含$_GET、$_POST 和$_COOKIE 的值，可以用于获取用户输入的数据。

这些变量使得 PHP 能够轻松地处理用户提交的数据，如添加数据库记录、验证用户登录以及进行文章的编辑和删除等操作。

【例 5-1】PHP 获取请求数据。

5-1.html 是一个包含超链接和表单的网页。超链接通过 GET 方式向 5-1.php 发送请求，传递姓名和年龄参数。表单通过 POST 方式向 5-1.php 发送请求，包含姓名和年龄的输入框，并有一个提交按钮。

```
<!DOCTYPE html>
<html lang="en">

<head>
    <meta charset="UTF-8">
    <meta name="viewport" content="width=device-width, initial-scale=1.0">
    <title>5-1</title>
</head>

<body>
```

```
    <a href="5-1.php?name=张三&age=20">通过超链接以 GET 方式请求</a>
    <br>
通过表单以 POST 方式请求: <br>
<form action="5-1.php" method="post">
    姓名: <input type="text" name="name"><br>
    年龄: <input type="text" name="age"><br>
    <input type="submit" value="提交">
</form>
</body>

</html>
```

5-1.php 用于输出$_GET、$_POST 和$_REQUEST 变量的内容。

```
<h4>$_GET 的内容: </h4>
<?php
// 输出$_GET 变量
var_dump($_GET);
?>
<h4>$_POST 的内容: </h4>
<?php
// 输出$_POST 变量
var_dump($_POST);
?>
<h4>$_REQUEST 的内容: </h4>
<?php
// 输出$_REQUEST 变量
var_dump($_REQUEST);
?>
```

通过服务器运行 5-1.html，单击超链接，将以 GET 方式请求 5-1.php。运行结果显示，$_GET 和$_REQUEST 变量都可以得到以 GET 方式发送的请求数据。PHP 获取 GET 请求数据的运行结果如图 5-1 所示。

图 5-1　PHP 获取 GET 请求数据的运行结果

通过服务器运行 5-1.html，在表单中输入姓名和年龄，单击提交按钮，将以 POST 方式请求 5-1.php。运行结果显示，$_POST 和$_REQUEST 变量都可以得到以 POST 方式发送的请求数据。PHP 获取 POST 请求数据的运行结果如图 5-2 所示。

图 5-2 PHP 获取 POST 请求数据的运行结果

对比图 5-1 和图 5-2 可以看到，以 GET 方式发送请求时，在地址栏的 URL 里面可以看到请求数据，但是以 POST 方式发送请求时，地址栏中不包含请求数据。

5.1.2 页面跳转

使用 PHP 进行 Web 应用程序开发时，一个 PHP 文件执行完毕后，经常需要跳转到下一个文件，这就需要使用 PHP 进行页面跳转。PHP 中的跳转方式有多种，常用的方式有以下 3 种。

1. 使用 header()函数

header()函数可以设置请求头信息，通过设置请求头 Location 的值可以实现重定向跳转，示例代码如下。

```php
<?php
$url="想要跳转的地址";
header("Location: {$url}");
?>
```

需要注意，header()函数前不能有任何输出语句。

2. 使用 JavaScript 脚本

通过输出语句向浏览器输出 JavaScript 脚本，通过 JavaScript 脚本设置 location.href 的值，也可以实现跳转，示例代码如下。

```php
<?php
```

```php
$url="想要跳转的地址";
echo "<script>location.href='{$url}'</script>";
?>
```

3. 使用<meta>标签

通过输出语句向浏览器输出<meta>标签，在<meta>标签中设置 http-equiv 属性为"refresh"并设置 content 属性，也可以实现跳转，示例代码如下。

```php
<?php
$url="想要跳转的地址";
echo <<<EOF
    <meta http-equiv="refresh" content="3;url={$url}">
    3s 后跳转
EOF;
?>
```

在 PHP 编程中，执行页面跳转后，程序会立即终止当前页面的执行并跳转到指定的目标地址。因此，必须注意在跳转语句之后不应再编写其他功能代码，以免影响跳转逻辑的正确执行。

【例 5-2】PHP 页面跳转。

5-2.html 的无序列表中包含 3 个超链接，链接的目标分别是 5-2-1.php、5-2-2.php 和 5-2-3.php，代码如下。

```html
<!DOCTYPE html>
<html lang="en">
<head>
    <meta charset="UTF-8">
    <meta name="viewport" content="width=device-width, initial-scale=1.0">
    <title>5-2</title>
</head>
<body>
    <ul>
        <li><a href="5-2-1.php">使用 header()函数跳转</a></li>
        <li><a href="5-2-2.php">使用 JavaScript 脚本跳转</a></li>
        <li><a href="5-2-3.php">使用<meta>标签跳转</a></li>
    </ul>
</body>
</html>
```

5-2-1.php 定义了一个变量$url，用于存储一个 URL 地址，并使用 header()函数将用户重定向到该地址。

```php
<?php
// 定义一个变量$url，用于存储一个 URL 地址
$url='http://localhost/chap05';
// 使用 header()函数，将用户重定向到$url 变量指定的地址
header("Location: {$url}");
?>
```

5-2-2.php 包含一段重定向代码，此代码使用 JavaScript 脚本重定向用户到指定的 URL 地址。

```php
<?php
// 定义一个变量$url，用于存储一个 URL 地址
$url = "http://localhost/chap05";
// 使用 echo 输出一个 JavaScript 脚本，用于重定向到$url 变量指定的地址
echo "<script>location.href='{$url}'</script>";
?>
```

5-2-3.php 包含一段使用元数据重定向页面的代码，页面会在 3s 后自动跳转到指定的 URL 地址。

```php
<?php
// 定义一个变量$url，存储一个 URL 地址
$url = 'http://localhost/chap05';
// 输出一个 HTML 标签<meta>，用于重定向，3s 后跳转到$url 变量指定的地址
echo <<<EOF
    <meta http-equiv="refresh" content="3;url={$url}">
    3s 后跳转
EOF;
?>
```

启动服务器后，在浏览器中打开 5-2.html，单击不同的超链接都可以实现页面跳转。PHP 页面跳转运行结果如图 5-3 所示。

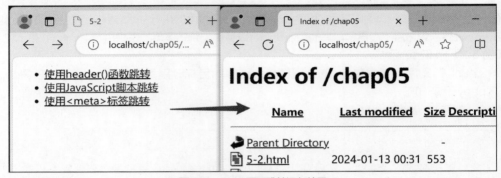

图 5-3　PHP 页面跳转运行结果

如果需要向跳转的目标地址传送数据，则可以在 URL 后面加上问号 "?" 并跟参数名和值，多个参数之间用 "&" 分隔。

5.1.3　文件上传

实际项目中，经常需要将客户端文件（例如图片、音频、视频等）上传到服务器。在 PHP 中，使用上传功能需要修改配置文件。打开 php.ini 文件，找到并根据需要修改以下配置项。

```
file_uploads = On
;upload_tmp_dir =
upload_max_filesize=100M
max_file_uploads=20
```

file_uploads 选项设置能否上传，On 表示允许上传文件。

upload_tmp_dir 选项设置临时文件的保存目录，如果不设置，则使用系统默认目录。

upload_max_filesize 选项设置允许上传的文件最大的大小。

max_file_uploads 选项设置一次请求允许最多上传多少个文件。

PHP 中使用超全局变量$_FILES 存放表单中上传的文件内容。$_FILES 数组是一个关联二维数组，其中，键值 name 存放上传的文件名数组、键值 type 存放上传的文件类型数组、键值 tmp_name 存放临时文件存放路径数组、键值 error 存放上传错误数组、键值 size 存放上传的文件大小数组。

使用表单进行文件上传需要使用 POST 提交方式，并设置表单的 enctype 值为 multipart/form-data。

上传的文件保存在临时目录下，需要使用 move_uploaded_file(string $from,string $to)函数将临时文件移动到指定目录。其中，$from 参数是临时文件路径，$to 参数是上传文件的实际保存路径。

【例 5-3】PHP 文件上传。

5-3.html 是一个简单的 HTML 表单，用于上传文件。使用表单进行文件上传时，表单的 method 属性要设置为 post，同时 enctype 属性要设置为 multipart/form-data，代码如下。

```
<!DOCTYPE html>
<html lang="en">

<head>
    <meta charset="UTF-8">
    <meta name="viewport" content="width=device-width, initial-scale=1.0">
    <title>5-3</title>
</head>

<body>
    <form action="5-3.php" method="post" enctype="multipart/form-data">
        <input type="file" name="f">
        <input type="submit" value="上传">
    </form>
</body>

</html>
```

5-3.php 的功能是输出上传文件信息，并将表单中的上传文件保存到指定目录中，代码如下。

```php
<?php
// 输出表单中的上传文件信息
var_dump($_FILES);
// 获取表单中的文件名
$names = $_FILES["f"]["name"];
// 获取表单中的临时文件名
$tmp_names = $_FILES["f"]["tmp_name"];
// 设置文件上传的路径
$path = __DIR__ . "/uploads/";
// 判断上传目录是否存在，不存在则创建
if(!file_exists($path)){
    mkdir($path,0777,true);
}

// 将上传的文件移动到指定目录
move_uploaded_file($tmp_names, $path . $names);
```

启动服务器后在浏览器中打开 5-3.html，选择上传的文件后单击上传按钮，PHP 文件上传运行结果如图 5-4 所示。

文件上传

图 5-4　PHP 文件上传运行结果

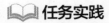

在将临时文件移动到指定目录的时候，需要注意目标目录是否存在。如果目标目录不存在，则需要先创建目录再移动，否则上传会失败。

📖 **任务实践**

5.1.4　多文件上传

多文件上传通常用于需要同时上传多个文件的场景，这在许多在线服务中较为常见。以下是一些典型的使用场景。

1. 在线表单提交

用户在填写在线表单时可能需要上传多个附件，如简历、作品集、推荐信等。

2. 内容管理系统

在内容管理系统中，用户可能需要上传多张图片、多个文档或多个视频到页面中。

3. 电子商务网站

在线商店可能允许用户上传产品的多张图片，或者在创建产品时上传多个文件，如产品手册、用户指南等。

4. 个人博客或网站

博主可能需要上传多张图片来丰富博客内容，或者上传多个文件供访客下载。

在实现多文件上传功能时，可以设置文件上传控件的 multiple 属性，以允许用户在一个文件选择控件中选择多个文件。除了设置文件上传控件的 multiple 属性，还可以在表单中使用多个文件上传控件以实现多文件上传。

在服务器端，PHP 的$_FILES 超全局变量可以处理这些文件，可以通过循环来处理每个上传的文件。

【例 5-4】多文件上传。

5-4.html 是一个包含两个表单的 HTML 页面，用于上传文件。第一个表单使用了一个上传控件的 multiple 属性，允许用户选择多个文件进行上传。第二个表单使用了两个单独的上传控件，分别用于选择文件 1 和文件 2 进行上传。使用多文件上传时，文件上传控件的 name 属性值需要加中括号"[]"设置为数组格式，代码如下。

```html
<!DOCTYPE html>
<html lang="en">
<head>
    <meta charset="UTF-8">
    <meta name="viewport" content="width=device-width, initial-scale=1.0">
    <title>5-4</title>
</head>
<body>
    <h4>方式 1: 使用上传控件的 multiple 属性</h4>
    <form action="5-4.php" method="post" enctype="multipart/form-data">
        <input type="file" name="f[]" multiple><br>
        <input type="submit" value="上传">
    </form>
    <h4>方式 2: 使用多个上传控件</h4>
    <form action="5-4.php" method="post" enctype="multipart/form-data">
        文件 1: <input type="file" name="f[]"><br>
        文件 2: <input type="file" name="f[]"><br>
```

```
        <input type="submit" value="上传">
    </form>
</body>
</html>
```

5-4.php 用于处理上传文件。首先，通过 var_dump()函数输出上传文件的信息。然后，获取上传文件的文件名和临时文件名。接下来，获取上传目录的路径，并判断该目录是否存在，如果不存在则创建。最后，通过循环遍历文件名，将文件移动到上传目录中。在循环中，会检查文件名是否为空。如果为空，则跳过对相应文件的处理。

```php
<?php
// 输出上传文件的信息
var_dump($_FILES["f"]);
// 获取文件名
$names = $_FILES["f"]["name"];
// 获取临时文件名
$tmp_names = $_FILES["f"]["tmp_name"];
// 获取上传目录的路径
$path = __DIR__ . "/uploads/";
// 判断上传目录是否存在，不存在则创建
if (!file_exists($path)) {
    mkdir($path);
}
// 遍历文件名，将文件移动到上传目录中
foreach ($names as $i => $n) {
    // 检查文件名是否为空
    if (empty($n)) {
        continue;
    }
    move_uploaded_file($tmp_names[$i], $path . $n);
}
?>
```

多文件上传运行结果如图 5-5 所示。

图 5-5　多文件上传运行结果

通过运行结果可以发现，当表单以数组作为 name 进行多文件上传时，$_FILES 会将这些文件的文件名、类型、临时文件名等信息以数组的形式分别进行存储。

任务 5.2 会话机制

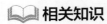 相关知识

5.2.1 Cookie

在 Web 开发中，客户端和服务器之间的通信依赖于 HTTP。然而，HTTP 本身是无状态的，这意味着服务器无法自动识别连续的请求是否来自同一个客户端。在复杂的交互场景（比如在线购物）中，用户可能需要进行登录、浏览商品、选择商品、填写收货信息、提交订单等一系列操作。这些操作通常涉及多次请求和响应，而 HTTP 无法自动关联这些请求，导致服务器无法跟踪用户的状态，从而影响整个购物流程的连续性。

Cookie 是一种存储在客户端浏览器中的小型文本文件，它可以用来保存用户的身份标识信息。当服务器需要跟踪客户端的状态时，它会在响应中发送一个 Cookie。浏览器会保存这个 Cookie，并在随后的请求中自动将其包含在请求头中发送回服务器。这样，服务器就能通过检查这个 Cookie 来识别用户并获取其状态信息。

在 PHP 中，setcookie()函数用于创建和发送 Cookie。这个函数通常需要 3 个参数：第一个是 Cookie 的名称，第二个是 Cookie 的值，第三个是 Cookie 的过期时间。如果设置的过期时间为 0 或者不设置，那么当浏览器关闭时，这个 Cookie 就会被删除。

由于 Cookie 存储在客户端，任何能够访问客户端计算机的人都有可能查看到 Cookie 的内容，因此它们的安全性相对较低。

【例 5-5】下面的代码演示了 Cookie 的使用。

```php
<?php
//输出所有的 Cookie
var_dump($_COOKIE);
//获取 Cookie 中的 username
$username = @$_POST["username"];
//判断 username 是否已经设置
if (isset($username)) {
    //设置 Cookie 有效期为 60s
    setcookie("username", $username, time() + 60); //60s 后失效
    //重定向到 5-5.php 页面
    header("Location: 5-5.php");
    exit;
}
//获取 Cookie 中的 username
$username = @$_COOKIE["username"];
//判断 username 是否已经设置
if (!isset($username)) {
?>
    <form action="" method="POST">
        姓名: <input type="text" name="username"><button type="submit">提交</button>
    </form>
```

```php
<?php
} else {
    //输出欢迎信息
    echo "欢迎回来，{$username}";
}
?>
```

Cookie 的使用运行结果如图 5-6 所示。

图 5-6　Cookie 的使用运行结果

代码的功能是输出所有的 Cookie，并且根据用户输入的姓名设置一个有效为 60s 的 Cookie。如果 Cookie 中没有设置 username，则显示一个表单让用户输入姓名；如果已经设置了 username，则输出欢迎信息。

5.2.2　Session

Cookie 存储在客户端，这使得它们容易受到安全威胁，例如被未经授权的用户访问。此外，用户可以通过浏览器设置禁用 Cookie，这可能会影响依赖 Cookie 的网站功能。为了解决这些问题，Session 会话技术提供了一种不同的方法来跟踪用户状态。

Session 会话技术将用户状态信息存储在服务器，而不是客户端。服务器为每个用户会话生成一个唯一的标识符，称为 session_id。session_id 被发送回客户端，通常通过一个名为 PHPSESSID 的 Cookie。客户端在每次请求时都会携带这个 session_id，服务器使用它来检索对应的会话数据。

在 PHP 中，会话数据是通过 $_SESSION 超全局变量来管理的。在一个 PHP 页面中想要使用会话，需要调用 session_start() 函数。这个函数初始化会话并创建一个会话 id，如果用户已经有一个会话，那么 session_start() 会恢复这个会话。

例如，启动一个会话并设置一个会话变量，代码如下。

```php
session_start();
$_SESSION['user_id'] = $user_id; // 设置会话变量
```

如果需要清除会话中的某个变量，则可以使用 unset() 函数，代码如下。

```php
unset($_SESSION['user_id']); // 移除会话变量
```

要完全结束会话并删除所有会话数据，可以使用 session_destroy() 函数，代码如下。

```php
session_destroy(); // 销毁会话
```

使用 Session 会话技术，服务器可以更安全地管理用户状态，因为敏感信息不会存储在客户端，而且即使用户禁用了 Cookie，服务器也可以通过其他方式来传递 session_id。当然，服务器端的会话管理可能会增加服务器的负载，因为服务器需要为每个用户会话分配存储空间。

【例 5-6】下面的代码演示了 Session 的使用。

```php
<?php
// 开始 session
session_start();
```

```
// 输出初始化的 session
echo "初始化的 session: <br>";
var_dump($_SESSION);
// 输出 session_id
echo "session_id : " . session_id() . "<br>";
// 赋值 session
echo "赋值后的 session: <br>";
$_SESSION["username"] = "张三";
$_SESSION["role"] = "admin";
// 输出赋值后的 session
var_dump($_SESSION);
?>
```

Session 的使用运行结果如图 5-7 所示。

图 5-7　Session 的使用运行结果

代码展示了如何使用 PHP 中的会话功能。通过 session_start()函数启用 Session 后，在第一次打开 5-6.php 页面时，$_SESSION 一开始是没有内容的。通过使用超全局变量$_SESSION 数组，可以在不同的页面之间传递和存储用户的信息。

📖 **任务实践**

5.2.3　使用 Session 控制页面访问

Session 是一种服务器端的会话技术，它允许服务器在多个 HTTP 请求之间保持用户的状态信息。这对需要用户认证和状态跟踪的 Web 应用程序至关重要，尤其是在用户登录后访问受保护的后台页面时。以下是使用 Session 保护后台页面的一些常见场景。

1. 用户登录验证

用户在登录页面输入用户名和密码后，服务器验证这些凭据。如果验证成功，那么服务器会创建一个 Session，并将用户信息存储在$_SESSION 中。这样，当用户尝试访问受保护的页面时，服务器可以通过检查$_SESSION 中的用户信息来验证用户是否已登录。

2. 购物车管理

在电子商务网站中，用户可能会在购物车中添加多个商品。Session 可以用来跟踪用户的购物车状态，即使用户在不同的页面之间导航，服务器也能记住购物车的内容。

【例 5-7】使用 Session 控制页面访问。

在 Web 应用程序中，为了确保只有经过授权的用户才能访问特定的管理页面，通常会使用 Session 来控制页面的访问权限。本例是一个简化的示例，展示了如何使用 Session 来实现这样的控制。

（1）用户登录：用户在登录页面输入用户名和密码，服务器验证这些凭据。如果验证成功，那么服务器会创建一个 Session，并在$_SESSION 中存储用户信息。

（2）访问控制：当用户尝试访问后台管理页面时，服务器会检查$_SESSION 中是否存在有效的用户标识。如果存在，则说明用户已经登录，服务器允许访问；如果不存在，则说明用户未登录，服务器会重定向用户到登录页面。

（3）首页显示：对于首页，服务器会根据用户是否登录来决定显示的内容。如果用户未登录，那么首页将显示登录表单；如果用户已登录，那么首页将显示用户的姓名和一个退出超链接。

（4）退出功能：当用户单击退出超链接时，服务器会调用 session_destroy()函数来结束当前的 Session，清除$_SESSION 中的用户信息。这样，用户就退出了登录状态，再次访问后台管理页面时将被要求重新登录。

5-7-index.php 用于展示一个主页面。页面上有一个导航栏和一个主要内容区域。导航栏部分包括一个标题和一个登录/退出的表单。如果用户未登录，那么将显示一个登录表单；如果用户已经登录，那么将显示欢迎信息和一个退出超链接。代码如下。

```html
<!DOCTYPE html>
<html lang="en">

<head>
    <meta charset="UTF-8">
    <meta name="viewport" content="width=device-width, initial-scale=1.0">
    <title>5-7</title>
    <style>
        * {
            margin: 0;
            padding: 0;
        }
    </style>
</head>

<body>
    <nav style="display: flex;justify-content: space-between ;padding:1rem 1.5rem;
background-color: blue; color:white">
        <h1>主页面</h1>
        <div style="display: flex; align-items: center;">
            <?php
            // 开启 Session
            session_start();
            // 判断 Session 中是否有 username
            if (!isset($_SESSION['username'])) :
            ?>
            <!-- 未登录时显示登录表单 -->
                <form action="5-7-login.php" method="post">
                    账号: <input type="text" name="username">
                    密码: <input type="password" name="pwd">
                    <button type="submit">登录</button>
                </form>
            <?php else : ?>
                <!-- 登录成功后显示欢迎信息 -->
                <span>欢迎<?php echo $_SESSION['username'] ?></span>
                <a href="5-7-logout.php" style="color: white;">退出</a>
```

```
        <?php endif ?>
      </div>
    </nav>
    <main style="margin-top: 1.5rem;">
        <h1>模拟登录账号: admin, 密码 admin</h1>
    </main>
</body>

</html>
```

5-7-login.php 实现一个简单的登录验证功能。首先，通过$_POST 获取用户提交的用户名和密码。然后，判断用户名和密码是否正确，如果正确则开启 Session，并将用户名存入 Session，之后跳转到管理员页面。如果用户名或密码错误，则输出提示信息，并在 3s 后跳转到首页。代码如下。

```php
<?php
// 获取用户名和密码
$username = $_POST['username'] ?? '';
$pwd = $_POST['pwd'] ?? '';
// 判断用户名和密码是否正确
if ($username == 'admin' && $pwd == 'admin') {
    // 开启 Session
    session_start();
    // 将用户名存入 Session
    $_SESSION['username'] = $username;
    // 跳转到管理员页面
    header('Location:5-7-admin.php');
} else {
    // 定义跳转页面
    $url = "5-7-index.php";
    // 输出提示信息
    echo <<<EOF
    <meta http-equiv="refresh" content="3;url={$url}">
    账号或者密码错误，3s 后跳转到首页
EOF;
}
?>
```

5-7-admin.php 是后台页面，代码会检查用户是否登录，如果没有登录则跳转到首页，并显示提示信息。代码如下。

```php
<?php
// 开始会话
session_start();
// 判断用户是否登录
if (!isset($_SESSION['username'])) {
    // 设置跳转地址
    $url = "5-7-index.php";
    // 输出提示信息
    echo <<<EOF
    <meta http-equiv="refresh" content="3;url={$url}">
    请先登录，3s 后跳转到首页
EOF;
}
```

```
?>
```
管理页面，登录后才能访问。返回<a href="5-7-index.php">首页</a>

5-7-logout.php 的功能是销毁当前会话的 Session，弹出一个提示框显示退出成功的消息，并跳转到 5-7-index.php 页面。代码如下。

```php
<?php
// 开启 Session
session_start();
// 销毁 Session
session_destroy();
// 弹出提示框提示退出成功，并跳转到 5-7-index.php 页面
echo ("<script>alert('退出成功');location.href='5-7-index.php';</script>");
?>
```

项目实践　使用 AJAX 方式实现为最喜欢的奥运场馆投票

【实践目的】
理解和掌握如何在服务器端使用 PHP 接收 AJAX 请求并处理数据，提升对 Web 开发流程的理解，为将来开发复杂的 Web 应用打下坚实的基础。

【实践内容】
AJAX（Asynchronous JavaScript and XML，异步 Java Script 和 XML 技术）是一种在无须重新加载整个页面的情况下，与服务器交换数据并更新部分网页的技术。这种技术带来了更快速、更动态的用户体验，它允许用户与网页进行交互，而不必每次都等待整个页面的刷新。

AJAX 使用 JavaScript 的 XMLHttpRequest 对象来处理与服务器的通信，以及更新网页内容。虽然 AJAX 的名称中包含 XML，但实际上它可以使用多种数据格式，如 JSON、HTML、纯文本等。现代 Web 开发中更多地使用 JSON 数据作为交换格式。

Fetch API 是一个现代的、基于 Promise 的 JavaScript 接口，用于在浏览器中发起网络请求。它是一个更强大的 XMLHttpRequest 的替代品，提供了一种更简洁的方式来进行异步网络请求。如果想深入了解 Fetch API 的规范，则可以阅读官方文档。

【例 5-8】使用 PHP 和 AJAX 实现为最喜欢的奥运场馆投票的功能。

5-8-venues.php 用来将场馆信息数组转换成 JSON 数据并返回给客户端，代码如下。

```php
<?php
// 定义一个数组，用来存放场馆信息
$venues = [
    [
        "id" => 1,
        "title" => "国家体育场",
        "introduce" => "国家体育场，别名"鸟巢"，是 2008 年奥运会主会场的场馆之一。",
        "img" => "imgs/1.jpg",
    ],
    [
        "id" => 2,
        "title" => "国家游泳中心",
        "introduce" => "国家游泳中心，别名"水立方"，是 2008 年奥运会主会场的场馆之一。",
        "img" => "imgs/2.jpg",
    ],
    [
        "id" => 3,
```

```
            "title" => "国家体育馆",
            "introduce" => "国家体育馆，别名"冰之帆"，是2008年奥运会主会场的场馆之一。",
            "img" => "imgs/3.jpg",
        ]
    ];

    // 设置响应头，指定响应类型为JSON
    header("Content-Type: application/json; charset=utf-8");
    // 将场馆信息以JSON格式返回
    echo json_encode($venues);
    ?>
```

代码定义了一个数组，用来存放场馆的信息。数组中包含的场馆的信息包括id、title、introduce和img。然后通过header()函数设置响应头支持JSON数据格式，使用json_encode()函数将$venues数组转换为JSON格式的字符串，返回场馆信息给客户端，客户端可以根据返回的JSON数据进行解析和展示。

5-8-vote.php实现了一个简单的投票业务逻辑，代码如下。

```
<?php

// 检查投票文件是否存在，如果不存在则初始化投票数为0
if (!file_exists("vote.txt")) {
    file_put_contents("vote.txt", "0-0-0"); // 初始化投票数为0
}
// 读取投票结果
$vote_result = explode("-", file_get_contents("vote.txt"));

// 判断请求类型是否为POST
if ($_SERVER['REQUEST_METHOD'] == "POST") {
    // 读取请求体
    $input = file_get_contents('php://input');
    // 将请求体解析为JSON数据
    $data = json_decode($input, true);
    // 获取投票编号
    $vote = $data["vote"];
    // 将投票结果加1
    $vote_result[$vote - 1] += 1;
    // 将新的投票结果写入文件
    file_put_contents("vote.txt", implode("-", $vote_result));
    // 返回JSON数据
    header("Content-Type: application/json;");
    echo json_encode(["msg" => "投票完成"]);
} else {
    // 返回JSON数据
    header("Content-Type: application/json;");
    echo json_encode($vote_result);
}
?>
```

代码首先会检查投票文件是否存在，如果不存在，则初始化投票数为0。然后读取投票结果，并根据请求类型来处理投票请求。

当收到一个 POST 请求时，会读取请求体中的 JSON 数据，并将其解析为投票编号。然后将对应编号的投票结果加 1，并将新的投票结果写入文件。最后，返回一个包含投票成功消息的 JSON 响应。投票时前端使用 Fetch API 以 JSON 格式发送 POST 数据，所以 PHP 无法直接通过$_POST 获取数据。后端 PHP 代码需要使用 file_get_contents()函数读取数据，然后通过 json_decode()函数将 JSON 格式的数据解码成数组使用。当收到一个非 POST 请求时，会直接返回所有投票结果的 JSON 响应。

5-8.html 是一个简单的动态网页，通过 AJAX 的方式与服务器端 PHP 程序进行交互，实现奥运场馆的介绍和投票功能，代码如下。

```
<!DOCTYPE html>
<html lang="en">

<head>
    <meta charset="UTF-8">
    <meta name="viewport" content="width=device-width, initial-scale=1.0">
    <title>奥运场馆介绍</title>
    <style>
        body {
            font-family: Arial, sans-serif;
            background-color: #f0f0f0;
            margin: 0;
            padding: 0;
        }

        .container {
            display: flex;
            justify-content: space-around;
            flex-wrap: wrap;
            max-width: 1200px;
            margin: 20px auto;
        }

        .venue {
            width: 30%;
            margin-bottom: 20px;
            padding: 20px;
            border: 1px solid #ccc;
            border-radius: 5px;
            background-color: #fff;
            box-sizing: border-box;
            transition: box-shadow 0.3s ease;
        }

        .venue:hover {
            box-shadow: 0 0 10px rgba(0, 0, 0, 0.2);
        }

        .venue h2 {
            margin-top: 0;
            color: #333;
        }

        .venue p {
            color: #666;
        }
```

```
        .venue img {
            width: 100%;
            height: 150px;
            border-radius: 5px;
            margin-bottom: 10px;
            object-fit: cover;
        }
    </style>
</head>

<body>

    <div class="container">
    </div>

    <script>
        window.onload = function () {
            fetchVenues();
        }

        /**
         * 从服务器获取场馆数据并更新页面内容
         */
        function fetchVenues() {
            fetch("5-8-venues.php").then(resp => resp.json())
                .then(data => {
                    // 处理数据并更新页面内容
                    data.forEach(venue => {
                        document.querySelector('.container').innerHTML += `
                    <div class="venue">
                        <img src="${venue.img}" alt="鸟巢">
                        <h2 style="color: #4CAF50;">${venue.title}</h2>
                        <p><strong>介绍: </strong> ${venue.introduce}</p>
                        <p><strong>票数: </strong> <span class="voted"><span></p>
                        <button onclick="vote(${venue.id})">投票</button>
                    </div>`;
                    });
                    // 加载投票结果
                    fetchResult();
                });
        }

        /**
         * 从服务器获取投票结果并更新页面上的票数
         */
        function fetchResult() {
            fetch("5-8-vote.php").then(resp => resp.json())
                .then(data => {
                    // 更新票数
                    document.querySelectorAll('.voted').forEach((span, index) => {
                        span.innerText = data[index];
                    })
```

```
            });
        }


        /**
         * 该函数用于向服务器发送投票请求并重新加载结果页面
         * @param {number} id - 投票选项的 id
         */
        function vote(id) {
            fetch('5-8-vote.php', {
                method: 'POST',
                headers: {
                    'Content-Type': 'application/json',
                },
                body: JSON.stringify({
                    vote: id
                })
            }).then(resp => resp.json()).then(data => {
                fetchResult(); // 投票后重新加载结果页面
                alert(data.msg);
            })
        }
    </script>
</body>

</html>
```

页面加载完成后,调用 fetchVenues() 函数,从服务器获取场馆数据并更新页面内容。fetchVenues()
函数使用 Fetch API 获取场馆数据,并将响应解析为 JSON 格式。然后,使用 forEach 循环遍历数据,
并将每个场馆的信息动态添加到容器中。

fetchResult() 函数使用 Fetch API 获取投票结果数据,并将响应解析为 JSON 格式。然后,使用
querySelectorAll 选择所有 class 为 voted 的元素,并将投票结果更新到页面中。

vote() 函数用于处理投票功能。当用户单击投票按钮时,该函数会使用 Fetch API 将投票数据发送
到服务器进行处理。然后重新加载投票结果页面,并弹出一个包含返回消息的提示框。

为最喜欢的奥运场馆投票的运行结果如图 5-8 所示。

图 5-8　为最喜欢的奥运场馆投票的运行结果

在传统的非 AJAX 交互模式中,当用户与网页进行交互(如提交表单)时,浏览器会向服务器发送
请求,服务器处理请求后返回一个新的 HTML 页面,浏览器再加载这个页面,从而实现页面的更新。这
种方式会导致用户看到页面刷新,用户体验可能不够流畅。

相比之下，AJAX 交互模式允许在不刷新整个页面的情况下与服务器进行数据交换。在这种模式下，PHP 服务器端处理完业务逻辑后，会返回 JSON（或其他格式）数据给前端。前端的 JavaScript 代码接收到这些数据后，可以根据数据内容动态更新页面的特定部分，而不需要重新加载整个页面。这种方式提供了更加流畅和响应式的用户体验，因为它减少了页面的加载时间，并且可以实时地显示更新内容。

项目小结

本项目深入探讨了 PHP 在网页交互中的应用，包括 PHP 如何接收和处理通过 HTML 表单提交的数据；介绍了 GET 和 POST 方法的不同用途，以及它们在数据传输中的优缺点；此外，还介绍了文件上传的处理流程，以及如何利用 Cookie 和 Session 技术来管理用户会话，从而实现用户状态的持久化。这些知识和技术对构建动态、交互式的 Web 应用程序至关重要。

在实际开发中，我们可以利用这些知识和技术来实现用户认证、资源保护、动态内容生成等功能，从而提升用户体验和增强应用程序的功能。随着技术的不断进步，我们还可以探索更多高级的页面交互技术和最佳实践，以适应不断变化的 Web 开发需求。

课后习题

一、单选题

1. 在 PHP 中，函数（   ）用于开始一个新的会话。
   A. session_start()　　　　　　　　　　　B. session_end()
   C. session_destroy()　　　　　　　　　　D. session_save()
2. 在 PHP 中，函数（   ）用于发送 HTTP 重定向命令。
   A. header()　　　B. redirect()　　　C. location()　　　D. go_to()
3. 在 PHP 中，函数（   ）用于处理文件上传。
   A. file_upload()　　　　　　　　　　　　B. upload_file()
   C. move_uploaded_file()　　　　　　　　D. upload_handler()
4. 在 PHP 中，函数（   ）用于结束当前会话。
   A. session_end()　　　　　　　　　　　　B. session_stop()
   C. session_close()　　　　　　　　　　　D. session_destroy()
5. 关于 GET 和 POST 的区别，下列说法正确的是（   ）。
   A. GET 用于发送敏感数据，POST 用于发送非敏感数据
   B. GET 在 URL 中传递参数，POST 在请求体中传递参数
   C. GET 适用于大量数据传输，POST 适用于少量数据传输
   D. FORM 表单如果没有设置 method 属性，则默认是 POST 方式

二、填空题

1. 在 PHP 中，_____用于获取通过 URL 传递的参数，而_____用于获取通过请求体传递的参数。
2. 通过使用_____函数可以启动会话，并使用_____数组在不同页面之间共享数据。
3. 在 PHP 中，_____超全局变量包含文件上传数据。
4. 在 PHP 中，_____函数用于发送 HTTP 头信息。
5. 在 PHP 中，_____函数用于设置 Cookie。

项目6
PHP操作数据库

06

【知识目标】

- 了解数据库的基本概念。
- 理解如何使用mysqli扩展与数据库进行交互。
- 理解如何使用PDO扩展与数据库进行交互。
- 理解如何使用预处理语句。

【能力目标】

- 能够根据应用需求设计合理的数据库结构。
- 能够使用PHP实现对数据库的增、删、改、查操作。
- 能够使用预处理语句防范SQL注入攻击。

【素质目标】

- 培养数据安全意识。
- 培养自主的学习能力和独立的思维方式。

情境引入 记录历史悠久的中华文明

中华文明是世界上唯一绵延不断且以国家形态发展至今的伟大文明，在同世界其他文明的交流互鉴中丰富发展，赋予中国式现代化以深厚底蕴。本项目我们练习使用PHP在MySQL数据库中记录中华文明的部分朝代信息。

对许多Web应用程序来说，数据库是必不可少的组成部分。因此，PHP提供了各种程序扩展库，以便开发人员轻松地连接和操作不同类型的数据库。

PHP支持许多不同的数据库，包括MySQL、Microsoft SQL Server、IBM DB2、MongoDB等，其中MySQL是最常用的数据库之一。为了连接MySQL数据库，PHP提供了3种不同的方式，分别是面向过程的mysql扩展、面向对象的mysqli扩展和支持多种数据库的PHP数据对象（PHP Data Object，PDO）扩展。

mysql扩展是PHP最早提供的MySQL连接方式之一。它使用面向过程的方式，可以在PHP代码中使用一系列的函数来连接和操作MySQL数据库。虽然这种方式很简单，但也存在一些问题，例如不支持新的MySQL功能，以及可能存在安全隐患。mysql扩展自PHP 7开始被废弃，不再被官方支持。

PHP官方推荐开发人员使用mysqli扩展或PDO扩展来连接和操作MySQL数据库。这两种扩展都提供了更好的性能和更多的功能，并且能够更有效地防范SQL注入攻击等。

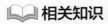

任务 6.1   使用 mysqli 扩展访问数据库与解析结果集

📖 相关知识

6.1.1　配置 mysqli

mysqli 扩展是 mysql 扩展的改进版，它采用面向对象的方式，同时兼容面向过程的方式。相比于 mysql 扩展，mysqli 扩展提供了更多的功能和更好的性能。同时，它也更加安全，能够有效地防范 SQL 注入攻击。

在 PHP 中想使用 mysqli 扩展，需要修改 PHP 配置文件 php.ini：打开该文件并找到";extension= mysqli"这一行，将前面的分号删除。修改完成后保存配置文件，重启 Apache 服务器。新建一个 PHP 脚本，在其中添加 phpinfo()语句，通过浏览器运行脚本后，在结果页面中会输出 PHP 运行信息。在结果页面中，如果有 mysqli 信息就表示配置成功，查看 mysqli 扩展开启情况如图 6-1 所示。

mysqli	
Mysqll Support	enabled
Client API library version	mysqlnd 7.4.29
Active Persistent Links	0
Inactive Persistent Links	0
Active Links	0

图 6-1　查看 mysqli 扩展开启情况

6.1.2　mysqli 扩展常用 API

mysqli 提供了一系列函数和方法，用于连接数据库、执行查询和解析结果集等。本小节主要介绍 mysqli 的常用 API。

mysqli 扩展支持面向过程和面向对象两种方式访问 MySQL 数据库,这两种方式使用的 API 很相似。mysqli 扩展常用 API 如表 6-1 所示。

表 6-1　mysqli 扩展常用 API

面向过程风格的函数	面向对象风格的方法	说明
mysqli_connect()	mysqli::__construct()	建立 MySQL 数据库连接。连接成功则返回 mysqli 的实例，失败则返回 false
mysqli_query()	mysqli::query()	执行 SQL 语句。如果成功执行 select、show、describe 或者 explain 语句，那么将返回 mysqli_result 的实例；其他 SQL 语句执行，成功则返回 true，失败则返回 false
mysqli_close()	mysqli::close()	关闭与 MySQL 数据库的连接。执行结果成功则返回 true，失败则返回 false

续表

面向过程风格的函数	面向对象风格的方法	说明
mysqli_prepare()	mysqli::prepare()	对 SQL 语句进行预处理。执行成功则返回 mysqli_stmt 的实例，失败则返回 false
mysqli_fetch_row()	mysqli_result::fetch_row()	以索引数组返回 mysqli_result 中下一条没有访问的记录
mysqli_fetch_assoc()	mysqli_result::fetch_assoc()	以关联数组返回 mysqli_result 中下一条没有访问的记录
mysqli_fetch_array()	mysqli_result::fetch_array()	以指定数组返回 mysqli_result 中下一条没有访问的记录，可以是索引数组、关联数组或者两者的混合
mysqli_fetch_object()	mysqli_result::fetch_object()	以对象形式返回 mysqli_result 中下一条没有访问的记录
mysqli_free_result()	mysqli_result::free_result()	释放 mysql_result 占用的内存
mysqli_stmt_bind_param()	mysqli_stmt::bind_param()	返回 mysqli_stmt 实例中的占位符绑定值
mysqli_stmt_execute()	mysqli_stmt::execute()	执行预处理语句
mysqli_stmt_get_result()	mysqli_stmt::get_result()	返回结果集

6.1.3　操作数据库步骤

mysqli 扩展操作数据库基本上可以分为 4 步：建立连接、执行 SQL 语句、解析结果集、释放资源。

1. 建立连接

使用 mysqli_connect() 函数建立与 MySQL 数据库的连接。该函数通常需要传入 4 个参数：数据库服务器域名或 IP 地址、数据库登录用户名、数据库登录密码和要访问的数据库名。如果 MySQL 数据库的服务端口不是默认的 3306，则可以提供第五个参数作为数据库端口。连接成功后，将返回一个 mysqli 对象，表示数据库连接，可以使用该对象进行后续的数据库操作。

2. 执行 SQL 语句

通过 mysqli_query() 函数执行 SQL 语句并发送到数据库进行处理。该函数的第一个参数是 mysqli 连接对象，第二个参数是需要执行的 SQL 语句。函数的参数包括数据库连接对象和要执行的 SQL 语句。该函数返回一个结果对象（mysqli_result），用于处理查询结果。

3. 解析结果集

对于 SELECT 查询，可以使用 mysqli_result 对象的方法（如 fetch_assoc()、fetch_row() 等）来获取结果集中的数据。这些方法可以根据需要以关联数组或索引数组的形式返回结果。

对于 INSERT、UPDATE、DELETE 等操作，可以通过 mysqli_affected_rows() 函数获取受影响的行数。

4. 释放资源

在操作过程中，需要释放 mysqli 对象和 mysqli_result 对象所占用的资源。虽然 PHP 程序执行完毕后会自动释放所有资源，但在执行周期较长或高并发场景下，可能会出现内存溢出的情况。因此，使用完毕后应立即手动释放资源。

mysqli_free_result(mysqli $mysql, mysqli_result $result) 用于释放查询结果占用的资源。

mysqli_close(mysqli $mysql) 用于释放数据库连接资源。

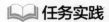 **任务实践**

6.1.4　面向过程风格操作数据库

本小节将以夏朝到汉朝 5 个朝代为例，使用 mysqli 扩展按照面向过程的风格操作 MySQL 数据库，记录中华文明的朝代信息。

首先在 MySQL 数据库中新建数据库 demo，然后新建 t_dynasty 表，t_dynasty 表结构如表 6-2 所示。

表 6-2　t_dynasty 表结构

字段名	类型	约束	说明
dyna_id	int	主键、自增长	朝代主键
dyna_name	varchar(32)	非空	朝代名称
prev_dyna_id	int	—	上一朝代主键

【例 6-1】下面的代码演示了使用面向过程风格的函数实现表的清空功能和记录的添加功能。

```php
<?php
const HOST = "localhost";
// 数据库服务器域名
const USERNAME = "root";
// 数据库登录用户名
const PASSWORD = "";
// 数据库登录密码
const DB = "demo";
// 要使用的数据库

// 清空指定表的数据
function truncate_table($table)
{
    $mysql = mysqli_connect(HOST, USERNAME, PASSWORD, DB);
    // 建立与数据库的连接
    $sql = "TRUNCATE TABLE $table;";
    // 要执行的 SQL 语句，用于清空指定表的数据
    $result = mysqli_query($mysql, $sql);
    // 执行 SQL 语句并返回结果
    mysqli_close($mysql);
    // 关闭数据库连接
    return $result;
    // 返回执行结果
}

// 添加朝代记录
function add_dynasty($dyna_name, $prev_dyna_id)
{
    $mysql = mysqli_connect(HOST, USERNAME, PASSWORD, DB);
    // 建立与数据库的连接
```

```
    $sql = $prev_dyna_id == 0 ? "INSERT INTO t_dynasty(dyna_name) VALUES
( '{$dyna_name}');" : "INSERT INTO t_dynasty(dyna_name,prev_dyna_id) VALUES
('{$dyna_name}', {$prev_dyna_id});";
    // 要执行的 SQL 语句, 用于向 t_dynasty 表中插入记录, 第一条记录没有 prev_dyna_id, 这里使
用三元运算符进行判断
    $result = mysqli_query($mysql, $sql);
    // 执行 SQL 语句并返回结果
    mysqli_close($mysql);
    // 关闭数据库连接
    return $result;
    // 返回执行结果
}
truncate_table("t_dynasty");
// 清空 t_dynasty 表中的数据

$arr = ["夏", "商", "周", "秦", "汉"];
// 循环遍历数组, 并将数组元素作为朝代名称传入 add_dynasty() 函数进行添加
foreach ($arr as $i => $v) {
    add_dynasty($v, $i);
}
?>
```

运行程序后查看数据库中 t_dynasty 表的记录, 使用面向过程风格的函数清空表和添加记录的运行结果如图 6-2 所示。

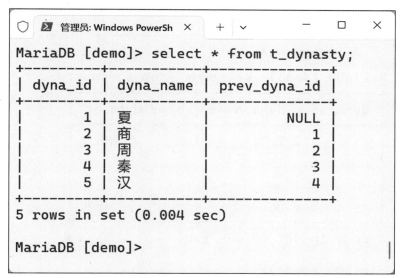

图 6-2 使用面向过程风格的函数清空表和添加记录的运行结果

代码执行后会清空 t_dynasty 表中的原始数据, 并将数组$arr 的内容依次添加到表中。

【例 6-2】下面的代码演示了使用面向过程风格的函数实现更新 t_dynasty 表中记录的功能。

```
<?php
const HOST = "localhost";
// 数据库服务器域名
const USERNAME = "root";
// 数据库登录用户名
```

```php
const PASSWORD = "";
// 数据库登录密码
const DB = "demo";
// 要使用的数据库

// 更新朝代名称
function update_dyna_name($dyna_id, $dyna_name)
{
    $mysql = mysqli_connect(HOST, USERNAME, PASSWORD, DB);
    // 建立与数据库的连接
    $sql = "UPDATE t_dynasty SET dyna_name='{$dyna_name}' WHERE dyna_id={$dyna_id};";
    // 要执行的 SQL 语句，用于更新 t_dynasty 表中的朝代记录
    $result = mysqli_query($mysql, $sql);
    // 执行 SQL 语句并返回结果
    mysqli_close($mysql);
    // 关闭数据库连接
    return $result;
    // 返回执行结果
}
update_dyna_name(1, "夏朝");
// 更新 dyna_id 为 1 的朝代记录，将其朝代名称修改为"夏朝"
?>
```

运行程序后查看数据库中 t_dynasty 表的记录，使用面向过程风格的函数更新记录的运行结果如图 6-3 所示。

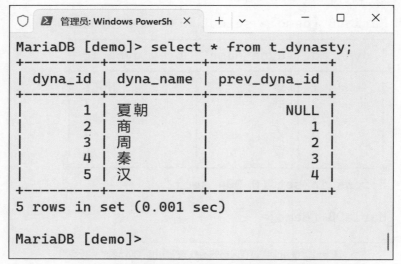

图 6-3　使用面向过程风格的函数更新记录的运行结果

通过图 6-3 可以看出，代码执行后，id 为 1 的记录的 dyna_name 字段内容修改成功。

【例 6-3】下面的代码演示了使用面向过程风格的函数实现从 t_dynasty 表中删除记录的功能。

```php
<?php
const HOST = "localhost";
// 数据库服务器域名
const USERNAME = "root";
```

```
// 数据库登录用户名
const PASSWORD = "";
// 数据库登录密码
const DB = "demo";
// 要使用的数据库

function delete_dynasty($dyna_id)
{
    $mysql = mysqli_connect(HOST, USERNAME, PASSWORD, DB);
    // 建立与数据库的连接
    $sql = "DELETE FROM t_dynasty WHERE dyna_id={$dyna_id}; ";
    // 构造删除朝代的 SQL 语句
    $result = mysqli_query($mysql, $sql);
    // 执行 SQL 语句并获取结果
    mysqli_close($mysql);
    // 关闭与数据库的连接
    return $result;
    // 返回删除操作的结果
}

delete_dynasty(1);
// 调用函数，删除朝代 id 为 1 的记录
?>
```

运行程序后查看数据库中 t_dynasty 表的记录，使用面向过程风格的函数删除记录的运行结果如图 6-4 所示。

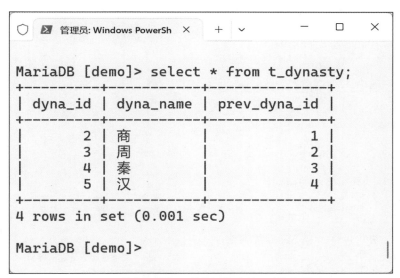

图 6-4　使用面向过程风格的函数删除记录的运行结果

通过图 6-4 可以看出，代码执行后，数据库 t_dynasty 表中 id 为 1 的记录被删除了。

6.1.5　面向对象风格操作数据库

本小节将使用 mysqli 扩展，按照面向对象的风格操作数据库。

面向过程风格的编程以函数为中心，直接在代码中书写函数。例如，执行 SQL 语句的代码 "$result = mysqli_query($mysql, $sql);" 就是一个函数调用。

面向对象风格的编程以对象为中心，将数据和行为封装成类，并使用类的实例进行相关操作。对于 mysqli 扩展的操作，基本流程与面向过程风格相同，只是使用了面向对象的 API 来替代面向过程的 API。例如，执行 SQL 语句的代码 "$result = $mysql->query($sql);" 是通过对象$mysql 调用方法 query() 来实现的。mysqli 提供了这两种风格的数据库访问方式，以满足不同语言背景的程序员（如 C 语言程序员和 Java 程序员）的需求。

【例 6-4】按照面向对象的思想，根据 t_dynasty 表的结构定义类 Dynatsy，用来封装需要操作的朝代数据。定义类 DynastyMapper 来封装对 t_dynasty 表的清空、添加、修改和删除操作，并在相关操作方法中使用 mysqli 扩展的面向对象风格的 API。最后使用类 DynastyMapper 的实例对 t_dynasty 表进行清空和添加操作，运行结果和【例 6-1】的运行结果相同。

下面的代码实现的是一个名为 Dynasty 的类，位于 demo6_4\entity 命名空间中。该类具有私有属性 dyna_id、dyna_name 和 prev_dyna_id，分别用于存储朝代的 id、名称和上一朝代的 id。

```php
<?php
namespace demo6_4\entity;

/**
 * 朝代实体类
 */
class Dynasty
{
private $dyna_id;
// 私有属性，用于存储朝代 id
private $dyna_name;
// 私有属性，用于存储朝代名称
private $prev_dyna_id;
// 私有属性，用于存储上一朝代的 id

    /**
     * 魔术方法__set()，用于设置对象属性的值
     * @param string $name 属性名称
     * @param mixed $value 属性值
     */
    function __set($name, $value)
    {
        $this->$name = $value;
    }

    /**
     * 魔术方法__get()，用于获取对象属性的值
     * @param string $name 属性名称
     * @return mixed 属性值
     */
    function __get($name)
    {
        return $this->$name;
    }
}
?>
```

　　下面的代码定义了一个名为 DynastyMapper 的类，用于与数据库交互。它包含清空表、添加朝代、更新朝代和删除朝代的方法。

```php
<?php
namespace demo6_4\mapper;

use demo6_4\entity\Dynasty;
use mysqli;
/**
 * 朝代映射类
 */
class DynastyMapper
{
    protected const HOST = "localhost"; // 数据库服务器域名
    protected const USERNAME = "root"; // 数据库登录用户名
    protected const PASSWORD = ""; // 数据库登录密码
    protected const DB = "demo"; // 要使用的数据库

    /**
     * 清空表
     *
     * @return bool 清空操作的结果
     */
    function clear()
    {
        $mysql = new mysqli(self::HOST, self::USERNAME, self::PASSWORD, self::DB);
// 建立与数据库的连接
        $sql = "TRUNCATE TABLE t_dynasty;"; // 构造清空表的 SQL 语句
        $result = $mysql->query($sql); // 执行 SQL 语句并获取结果
        $mysql->close(); // 关闭与数据库的连接
        return $result; // 返回清空操作的结果
    }

    /**
     * 添加朝代
     *
     * @param Dynasty $dynasty 要添加的朝代对象
     * @return bool 插入操作的结果
     */
    function add(Dynasty $dynasty)
    {
        $mysql = new mysqli(self::HOST, self::USERNAME, self::PASSWORD, self::DB);
// 建立与数据库的连接
        $sql = $dynasty->prev_dyna_id == 0
            ? "INSERT INTO t_dynasty(dyna_name) VALUES ('{$dynasty->dyna_name}');"
            : "INSERT INTO t_dynasty(dyna_name,prev_dyna_id) VALUES ('{$dynasty->dyna_name}', {$dynasty->prev_dyna_id});";
        // 要执行的 SQL 语句，用于向 t_dynasty 表中插入记录，第一条记录没有 prev_dyna_id，这里使用三元运算符进行判断
        $result = $mysql->query($sql); // 执行 SQL 语句并获取结果
```

171

```php
        $mysql->close(); // 关闭与数据库的连接
        return $result; // 返回插入操作的结果
    }

    /**
     * 更新朝代
     *
     * @param Dynasty $dynasty 要更新的朝代对象
     * @return bool 更新操作的结果
     */
    function update(Dynasty $dynasty)
    {
        $mysql = new mysqli(self::HOST, self::USERNAME, self::PASSWORD, self::DB);
// 建立与数据库的连接
        $sql = "UPDATE t_dynasty SET dyna_name='{$dynasty->dyna_name}', prev_dyna_id=
{$dynasty->prev_dyna_id} WHERE dyna_id={$dynasty->dyna_id};";
        // 构造更新朝代的 SQL 语句
        $result = $mysql->query($sql); // 执行 SQL 语句并获取结果
        $mysql->close(); // 关闭与数据库的连接
        return $result; // 返回更新操作的结果
    }

    /**
     * 删除朝代
     *
     * @param int $dyna_id 要删除的朝代 id
     * @return bool 删除操作的结果
     */
    function delete($dyna_id)
    {
        $mysql = new mysqli(self::HOST, self::USERNAME, self::PASSWORD, self::DB);
// 建立与数据库的连接
        $sql = "DELETE FROM t_dynasty WHERE dyna_id={$dyna_id};"; // 构造删除朝代的 SQL
语句
        $result = $mysql->query($sql); // 执行 SQL 语句并获取结果
        $mysql->close(); // 关闭与数据库的连接
        return $result; // 返回删除操作的结果
    }
}
?>
```

下面的代码通过使用 DynastyMapper 类对朝代数据进行数据库映射操作。

```php
<?php

// 导入所需的类文件
require "demo6_4/mapper/DynastyMapper.class.php";
require "demo6_4/entity/Dynasty.class.php";

// 使用命名空间
use demo6_4\entity\Dynasty;
```

```
use demo6_4\mapper\DynastyMapper;

// 创建 DynastyMapper 对象，用于对朝代数据进行数据库映射操作
$dynastyMapper = new DynastyMapper();

// 清空 t_dynasty 表的数据
$dynastyMapper->clear();

// 定义朝代数组
$arr = ["夏", "商", "周", "秦", "汉"];

// 遍历朝代数组
foreach ($arr as $i => $v) {
    // 创建 Dynasty 对象，表示一个朝代
    $dynasty = new Dynasty();

    // 设置朝代名称
    $dynasty->dyna_name = $v;

    // 设置上一朝代的 id
    $dynasty->prev_dyna_id = $i;

    // 将朝代对象添加到数据库中
    $dynastyMapper->add($dynasty);
}
```

这部分代码首先通过 require 关键字导入所需的类文件；然后使用 use 关键字引用 Dynasty 和 DynastyMapper 类；接着创建 DynastyMapper 对象，通过它的 clear()方法清空 t_dynasty 表的数据；最后定义一个朝代数组，遍历朝代数组，将朝代数组中的数据通过 DynastyMapper 对象的 add()方法插入 t_dynasty 表。程序的运行结果与使用面向过程风格的结果相同，只不过这里是使用面向对象风格来实现的。

6.1.6 使用 mysqli 扩展解析结果集

在使用 mysqli 操作 MySQL 数据库的时候，与数据查询相关的操作需要解析结果集。MySQL 操作返回的结果集通常是二维数组，需要通过遍历结果集并访问每个数组元素才能获取具体的数据。本小节以面向过程风格的例子讲解如何使用 mysqli 相关函数解析结果集。

基于 mysqli 扩展，可使用结果集解析函数解析结果集，这些函数每次执行都会返回结果集中的一条没有被解析过的记录，如果结果集中没有未被解析过的记录则返回 null。各结果集解析函数的区别主要是返回解析结果的数据格式不同。常用的 mysqli 结果集解析函数如表 6-3 所示。

使用 mysqli 扩展
解析结果集

表 6-3　常用的 mysqli 结果集解析函数

函数名	说明
mysqli_fetch_row($result)	从结果集$result 中获取一行数据并将其作为索引数组返回
mysqli_fetch_assoc($result)	从结果集$result 中获取一行数据并将其作为关联数组返回。关联数组的键名和结果集的字段名相同

函数名	说明
mysqli_fetch_array($result, $mode)	以$mode 指定的格式从结果集$result 中获取一行数据，$mode 值可以是常量 MYSQLI_BOTH 混合格式（默认值）、MYSQLI_NUM 索引格式或者 MYSQLI_ASSOC 关联格式
mysqli_fetch_object($result, $class,$constructor_args)	以对象形式从结果集$result 中获取一行数据，对象的属性名是字段名，对象的属性值是字段值。$class 参数可以指定用来实例化对象的类，默认是 PHP 提供的标准类 stdClass。$constructor_args 参数是传递给构造方法的参数，默认是空数组
mysqli_fetch_all($result, $mode)	以$mode 指定的格式从结果集$result 中获取所有数据，$mode 值可以是常量 MYSQLI_BOTH 混合格式、MYSQLI_NUM 索引格式（默认值）或者 MYSQLI_ASSOC 关联格式

　　解析结果集完成后，应使用 mysqli_free_result()函数手动释放结果集占用的内存。mysqli_free_result()函数需要在关闭数据库函数 mysqli_close()前执行。

　　【例 6-5】本例介绍 mysqli_fetch_row()函数的使用。下面的代码实现了从数据库中获取所有朝代数据并以索引数组的格式输出每一行数据。

```php
<?php
const HOST = "localhost";
// 数据库服务器域名
const USERNAME = "root";
// 数据库登录用户名
const PASSWORD = "";
// 数据库登录密码
const DB = "demo";
// 要使用的数据库

function get_all_dynasties()
{
    $mysql = mysqli_connect(HOST, USERNAME, PASSWORD, DB);
    // 连接数据库
    $sql = "SELECT   * FROM  t_dynasty";
    // SQL 查询语句，用于获取所有朝代数据
    $result = mysqli_query($mysql, $sql);
    // 执行查询并以索引数组返回结果集
    while ($row = mysqli_fetch_row($result)) {
        var_dump($row);
        // 输出每一行数据
    }
    mysqli_free_result($result);
    // 释放结果集占用的资源
    mysqli_close($mysql);
    // 关闭数据库连接
}

get_all_dynasties();
// 调用函数获取并输出所有朝代数据

?>
```

程序连接到 MySQL 数据库，并从名为 "t_dynasty" 的表中检索所有记录。然后使用 var_dump()
函数输出每一行。使用 mysqli_fetch_row()函数解析结果集的运行结果如图 6-5 所示。

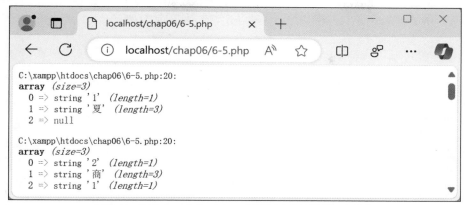

图 6-5　使用 mysqli_fetch_row()函数解析结果集的运行结果

通过图 6-5 可以看出，代码执行后，数据库 t_dynasty 表中的记录被查询到，并通过
mysqli_fetch_row()函数以索引数组的形式输出在页面中。

【例 6-6】本例介绍 mysqli_fetch_object()函数的使用。下面的代码从数据库中获取所有朝代数据
并以对象形式输出每一行数据。

```php
<?php
const HOST = "localhost";
// 数据库服务器域名
const USERNAME = "root";
// 数据库登录用户名
const PASSWORD = "";
// 数据库登录密码
const DB = "demo";
// 要使用的数据库

function get_all_dynasties()
{
$mysql = mysqli_connect(HOST, USERNAME, PASSWORD, DB);
// 连接数据库
$sql = "SELECT * FROM t_dynasty";
// SQL 查询语句，从 t_dynasty 表中获取所有数据
$result = mysqli_query($mysql, $sql);
// 执行查询语句并以对象返回结果集
    while ($row = mysqli_fetch_object($result)) {
        var_dump($row);
        // 输出每一行的数据
    }
mysqli_free_result($result);
// 释放结果集占用的资源
mysqli_close($mysql);
// 关闭数据库连接
}
```

```
get_all_dynasties();
// 调用函数，获取所有朝代数据
?>
```

使用 mysqli_fetch_object()函数解析结果集的运行结果如图 6-6 所示。

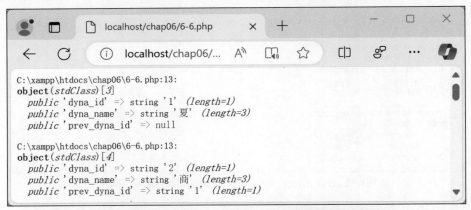

图 6-6　使用 mysqli_fetch_object()函数解析结果集的运行结果

通过图 6-6 可以看出，代码执行后，数据库 t_dynasty 表中的记录被查询到，并通过 mysqli_fetch_object()函数以对象形式输出在页面中。

【例 6-7】本例介绍 mysqli_fetch_all()函数的使用。下面的代码从数据库中获取所有朝代数据并以关联数组的格式一次性返回所有数据。

```
<?php
const HOST = "localhost";
// 数据库服务器域名
const USERNAME = "root";
// 数据库登录用户名
const PASSWORD = "";
// 数据库登录密码
const DB = "demo";
// 要使用的数据库

function get_all_dynasties()
{
    $mysql = mysqli_connect(HOST, USERNAME, PASSWORD, DB);
    // 连接数据库
    $sql = "SELECT * FROM t_dynasty";
    // SQL 查询语句，从 t_dynasty 表中获取所有数据
    $result = mysqli_query($mysql, $sql);
    // 执行查询语句并返回结果集
    var_dump(mysqli_fetch_all($result, MYSQLI_ASSOC));
    // 以关联数组格式一次获取所有结果集并输出
    mysqli_free_result($result);
    // 释放结果集占用的资源
    mysqli_close($mysql);
    // 关闭数据库连接

}
```

```
get_all_dynasties();
// 调用函数，获取所有朝代数据
?>
```

使用 mysqli_fetch_all() 函数解析结果集的运行结果如图 6-7 所示。

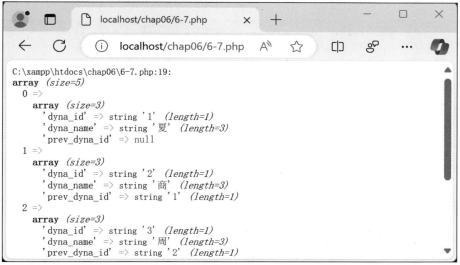

图 6-7　使用 mysqli_fetch_all() 函数解析结果集的运行结果

通过图 6-7 可以看出，代码执行后，数据库 t_dynasty 表中的记录被查询到，并通过 mysqli_fetch_all() 函数以二维数组的形式一次性返回所有记录。其中，第一维对应每条查询记录，第二维按照参数 MYSQLI_ASSOC 以关联数组的格式返回。

任务 6.2　使用 PDO 扩展访问数据库

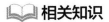 相关知识

6.2.1　配置 PDO

mysqli 扩展只能用来访问 MySQL 数据库，如果希望连接其他的数据库，则可以使用 PDO 扩展。PDO 扩展是 PHP 提供的通用数据库连接方式，它支持多种不同类型的数据库，例如 MySQL、SQLite、Oracle 等。使用 PDO 扩展，开发人员可以通过一套统一的 API 来访问不同的数据库，从而使得代码更加通用和易于维护。同时，PDO 扩展提供了一定程度的安全性，能够防范 SQL 注入攻击等。

PDO 是 PHP 定义的一套数据库访问标准接口。PDO 扩展本身没有任何数据库操作能力，需要使用实现了 PDO 扩展的各种数据库驱动程序来操作数据库。PDO 扩展提供了一个抽象的数据访问层，不管使用哪种数据库，都可以用相同的函数来操作数据。

默认情况下，PDO 扩展在 PHP 中为开启状态，但是要启用对某个数据库驱动程序的支持，仍需要进行相应的配置操作。要使用 PDO 扩展操作 MySQL 数据库，需要修改 PHP 配置文件 php.ini，打开该文件并找到 ";extension=pdo_mysql" 这一行，将前面的分号删除。修改完成后保存配置文件，重启 Apache 服务器。新建一个 PHP 脚本，在其中添加 phpinfo() 语句，通过浏览器运行脚本后在结果页面中会输出 PHP 运行信息，PDO 配置成功的页面如图 6-8 所示。

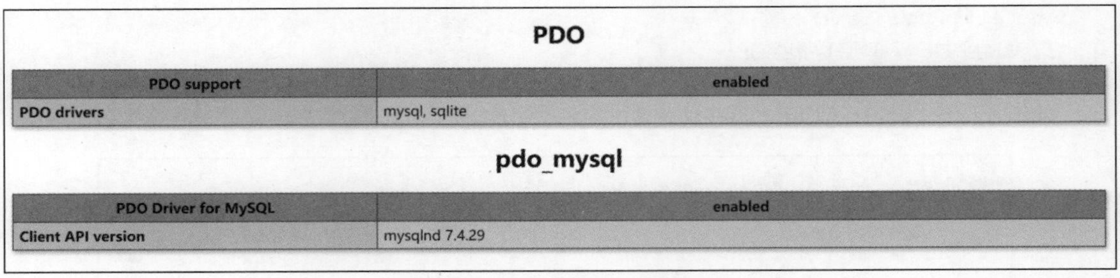

PDO

PDO support	enabled
PDO drivers	mysql, sqlite

pdo_mysql

PDO Driver for MySQL	enabled
Client API version	mysqlnd 7.4.29

图 6-8　PDO 配置成功的页面

6.2.2　PDO 扩展常用 API

PDO 扩展通过 PDO 类的实例管理 PHP 程序和数据库之间的连接，PDO 类的常用方法及说明如表 6-4 所示。

表 6-4　PDO 类的常用方法及说明

方法	说明
__construct()	构造方法，创建 PDO 实例
beginTransaction()	启动事务
commit()	提交事务
exec()	执行一条 SQL 语句，并返回受影响的行数
lastInsertId()	返回最后插入记录的 id
prepare()	根据 SQL 语句创建 PDOStatement 实例
query()	执行一条 SQL 语句，并将查询结果封装到 PDOStatement 对象中返回
rollBack()	回滚事务

PDO 类中还有一些和解析结果集有关的常量，用来设置解析结果集返回的数据格式，PDO 设置解析结果格式的常量及说明如表 6-5 所示。

表 6-5　PDO 设置解析结果格式的常量及说明

常量	说明
PDO::FETCH_BOTH	根据下一条记录返回一个关联数组和索引数组的混合数组，其中关联数组的键名是结果集的字段名
PDO::FETCH_NUM	根据下一条记录返回一个索引数组
PDO::FETTCH_ASSOC	根据下一条记录返回一个关联数组，其中关联数组的键名是结果集的字段名
PDO::FETCH_OBJ	根据下一条记录返回一个对象，对象的属性是字段名，属性值是字段值，对象类型是 stdClass
PDO::FETCH_CLASS	根据下一条记录新建一个指定类的实例并返回
PDO::FETCH_LAZY	根据下一条记录返回一个 PDORow 类型的实例，PDORow 类型的实例同时支持通过索引访问记录和通过字段名访问记录

当使用 PDO 扩展来操作数据库时，如果想要使用预处理语句，就需要使用 PDOStatement 类。PDOStatement 类的实例代表预处理语句，并在执行后与相关的结果集关联。PDOStatement 类的常

用方法及说明如表 6-6 所示。

表 6-6 PDOStatement 类的常用方法及说明

方法	说明
fetch()	解析结果集中的一条记录，返回的格式由解析格式设置决定，没有未解析的记录则返回 false
fetchAll()	解析整个结果集，返回包含所有记录的数组
fetchColumn()	解析结果集中一条记录的指定列，没有未解析的记录则返回 false

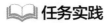 任务实践

6.2.3 使用 PDO 扩展操作数据库

使用 PDO 扩展操作数据库的流程和使用 mysqli 的一致，包括建立连接、执行 SQL 语句、解析结果集和释放资源。

建立数据库连接需要使用 PDO 类的构造方法创建实例，构造方法的结构如下。

```
__construct(string $dsn, string $username, string $password, array $driver_options)
```

第 1 个参数 $dsn 是必选项，表示数据源名（Data Source Name，DSN）。
通常，一个 DSN 由 PDO 驱动程序的名称开始，后跟一个冒号，然后是驱动程序的数据库连接信息，例如主机 IP 地址或域名、端口和数据库名等。对于 "mysql:host=localhost;port=3306;dbname=demo;charset=utf8"，定义了数据库类型为 MySQL、数据库连接地址为 localhost、端口号为 3306、数据库名为 demo 以及字符集为 UTF-8。

使用 PDO 扩展操作数据库

第 2~4 个参数是可选项，其中第 2 个参数 $username 表示数据库登录用户名，第 3 个参数 $password 表示数据库登录密码，第 4 个参数 $driver_options 表示驱动程序的一些配置项。

PDO 实例通过 exec(string $sql) 方法执行 INSERT、UPDATE、DELETE 等不需要返回结果集的语句，通过 query(string $sql) 方法执行需要返回结果集的语句。exec() 方法执行成功时返回受语句影响的数据库记录数，失败则返回 false。query() 方法执行成功返回 PDOStatement 对象，失败则返回 false。

在使用 PDO 时，释放资源只需要将 PDO 实例设置为 null。

【例 6-8】使用 PDO 扩展对数据库 demo 中 t_dynasty 表的数据进行清空、添加、修改和删除操作，代码如下。

```php
<?php
const DSN = "mysql:host=127.0.0.1;dbname=demo";
// 数据库连接信息
const USERNAME = "root";
// 数据库登录用户名
const PASSWORD = "";
// 数据库登录密码

// 清空指定表的数据
function truncate_table($table)
{
    $pdo = new PDO(DSN, USERNAME, PASSWORD);
```

```php
    // 创建数据库连接
    $result = $pdo->exec("TRUNCATE TABLE {$table};");
    // 使用 TRUNCATE 语句清空表
    $pdo = null;
    // 关闭数据库连接
    return $result;
    // 返回执行结果
}

// 向表中插入朝代数据
function add_dynasty($dyna_name, $prev_dyna_id)
{
    $pdo = new PDO(DSN, USERNAME, PASSWORD);
    // 创建数据库连接
$sql = $prev_dyna_id == 0
        ? "INSERT INTO t_dynasty(dyna_name) VALUES ( '{$dyna_name}');"
        : "INSERT INTO t_dynasty(dyna_name,prev_dyna_id) VALUES ('{$dyna_name}',
{$prev_dyna_id});";
    $result = $pdo->exec($sql);
    // 使用 INSERT 语句插入数据
    $pdo = null;
    // 关闭数据库连接
    return $result;
    // 返回执行结果
}

// 更新表中的朝代数据
function update_dynasty_name($dyna_id, $dyna_name)
{
    $pdo = new PDO(DSN, USERNAME, PASSWORD);
    // 创建数据库连接
    $result = $pdo->exec("UPDATE t_dynasty SET dyna_name='{$dyna_name}' WHERE
dyna_id={$dyna_id};");
    // 使用 UPDATE 语句更新数据
    $pdo = null;
    // 关闭数据库连接
    return $result;
    // 返回执行结果
}

// 删除表中的朝代数据
function delete_dynasty($dyna_id)
{
    $pdo = new PDO(DSN, USERNAME, PASSWORD);
    // 创建数据库连接
    $result = $pdo->exec("DELETE FROM t_dynasty WHERE dyna_id={$dyna_id};");
    // 使用 DELETE 语句删除数据
    $pdo = null;
    // 关闭数据库连接
    return $result;
```

```
        // 返回执行结果
    }

    truncate_table("t_dynasty");
    // 清空 t_dynasty 表

    $arr = ["夏", "商", "周", "秦", "汉"];
    foreach ($arr as $i => $v) {
        add_dynasty($v, $i);    // 循环插入朝代数据
    }
    update_dynasty_name(1, "夏朝");
    // 更新朝代数据，将"夏"修改为"夏朝"

    delete_dynasty(2);
    // 删除指定朝代数据
    ?>
```

这段代码的目的是通过 PDO 扩展对数据库中的 t_dynasty 表进行清空、插入、更新和删除操作。代码中，truncate_table()函数用于清空指定表的数据，add_dynasty()函数用于向表中插入朝代数据，update_dynasty_name()函数用于更新表中的朝代数据，delete_dynasty()函数用于删除表中的朝代数据。

程序首先调用 truncate_table()函数清空 t_dynasty 表的数据；然后使用一个数组存储要插入的朝代数据，通过 foreach 循环遍历数组，并调用 add_dynasty()函数将朝代数据插入表中；接着调用 update_dynasty_name()函数将 id 为 1 的朝代数据的名称由"夏"修改为"夏朝"；最后调用 delete_dynasty()函数删除 id 为 2 的朝代数据。

6.2.4 使用 PDO 扩展解析结果集

PDO 扩展与 mysqli 扩展类似，在成功执行 SELECT 查询后，也会生成一个结果集对象。对于 PDO 扩展，执行查询后返回的是 PDOStatement 类的实例，通过 PDOStatement 类中的方法可以解析结果集。以下是 PDOStatement 类中常见的几个用于解析结果集的方法。

使用 PDO 扩展解析结果集

1. fetch()方法

fetch($mode)方法以$mode 指定的格式解析结果集中的记录，$mode 的默认值是 PDO::FETCH_BOTH。

【例 6-9】下面的代码演示了通过 PDOStatement 实例的 fetch()方法解析结果集，将所有结果添加到数组中并返回。

```
<?php
const DSN = "mysql:host=127.0.0.1;dbname=demo";
// 数据库连接信息
const USERNAME = "root";
// 数据库登录用户名
const PASSWORD = "";
// 数据库登录密码

// 获取所有朝代的数据
function get_all_dynasties()
{
```

```php
$pdo = new PDO(DSN, USERNAME, PASSWORD);
// 创建数据库连接
$result = $pdo->query("SELECT * FROM t_dynasty");
// 使用 SELECT 语句查询数据
$arr = [];
// 创建空数组存储查询结果
while ($row = $result->fetch(PDO::FETCH_OBJ)) {
    // 遍历查询结果的每一行数据
    $arr[] = $row;
    // 将每一行数据添加到数组中
}
$pdo = null;
// 关闭数据库连接
return $arr;
// 返回查询结果数组
}
?>
```

get_all_dynasties()函数用于从 t_dynasty 表中获取所有数据。它使用 PDO 扩展建立与数据库的连接，查询 t_dynasty 表中的所有行，并将结果通过 PDOStatement 实例的 fetch()方法解析，将查询结果以对象形式存储在数组中并返回。

2. fetchAll()方法

fetchAll($mode)方法允许我们一次将所有的结果按照$mode 指定的格式解析出来。$mode 的默认值是 PDO::FETCH_BOTH。与 fetch()方法不同的是，PDO::FETCH_LAZY 不能在 fetchAll()方法中使用。

【例 6-10】下面的代码演示了通过 PDOStatement 实例的 fetchAll()方法解析结果集。

```php
<?php
const DSN = "mysql:host=127.0.0.1;dbname=demo";
// 数据库连接信息
const USERNAME = "root";
// 数据库登录用户名
const PASSWORD = "";
// 数据库登录密码

// 获取所有朝代的数据
function get_all_dynasties(){
    $pdo = new PDO(DSN, USERNAME, PASSWORD);
    // 创建数据库连接对象
    $result=$pdo->query("SELECT * FROM t_dynasty");
    // 执行 SQL 查询语句
    $arr=$result->fetchAll(PDO::FETCH_OBJ);
    // 获取查询结果并保存到数组
    $pdo=null;
    // 关闭数据库连接
    return $arr;
    // 返回查询结果数组
}
?>
```

与 fetch()方法每次只能解析一条记录不同,fetchAll()方法一次可以解析所有记录,所以使用 fetchAll()方法解析所有记录时不需要循环。

////// 任务 6.3 预处理语句

📖 相关知识

6.3.1 预处理语句简介

在实际开发中,数据库操作的参数一般通过前端页面传入,PHP 程序取出参数值并交给数据库操作语句,例如下面的代码片段。

```
$dyna_id = $_GET['dyna_id'] ?? 0;
$sql = "SELECT * FROM t_dynasty WHERE dyna_id = $dyna_id ";
```

正常情况下,前端页面应该传入一个整型值 dyna_id,比如整型值 1,上面的 SQL 代码就变成了 "SELECT * FROM t_dynasty WHERE dyna_id=1;"。如果传入的 dyna_id 值是 "1 or 1=1",上面的 SQL 代码就变成了 "SELECT * FROM t_dynasty WHERE dyna_id=1 or 1=1;"。本来只显示一条记录的查询语句由于 "1 or 1=1" 变成显示所有记录,这种通过输入恶意内容来改变 SQL 语句结果的操作就是 SQL 注入攻击。SQL 注入攻击能够实施的关键点是,在用字符串拼接生成 SQL 语句的过程中,本来应是值的地方被恶意传入 SQL 语句片段。

PHP 防范 SQL 注入攻击的方法是使用预处理语句,预处理语句是一种在数据库操作中使用的编程技术。预处理语句将 SQL 查询逻辑和参数分开处理,参数与查询逻辑的分离可以提高数据库操作的效率和安全性。通常,预处理查询语句中包含一些占位符,用于表示待传入的参数,例如 "SELECT * FROM t_dynasty WHERE dyna_id = ?" 中的英文问号。用对占位符赋值的方式替代字符串拼接,在赋值过程中,恶意的 SQL 语句片段会被转换成对应数据类型的值,例如前面 SQL 注入的 "1 or 1=1" 会整体被当作 dyna_id 的值进行处理。

预处理语句是一种编译过的 SQL 模板,具有以下优点。

(1)预处理语句占用更少的资源,运行更快。

(2)提供给预处理语句的参数不需要用引号引起来,驱动程序会自动处理。

(3)如果程序只使用预处理语句,则可以避免发生 SQL 注入。

📖 任务实践

6.3.2 在 mysqli 扩展中使用预处理语句

在 mysqli 扩展中使用预处理语句的步骤主要如下。

1. 生成 mysqli_stmt 实例

根据 SQL 语句生成 mysqli_stmt 实例,SQL 语句中的值使用占位符 "?" 代替。通过 mysqli_prepare()函数生成 mysqli_stmt 实例,生成的 mysqli_stmt 实例将用于后续的操作。

在 mysqli 扩展中
使用预处理语句

2. 为 mysqli_stmt 实例的占位符绑定值

如果 SQL 语句中包含占位符,则需要为每个占位符绑定相应的值。这样可以将实际的值与 SQL 语句分离,以避免将用户输入的数据直接插入 SQL 语句带来的安全风险。

在绑定值之前，需要为占位符指定数据类型，以确保值的正确处理。可以使用 mysqli_stmt_bind_param() 函数来为 mysqli_stmt 实例的占位符绑定值。

3. 执行 mysqli_stmt 实例

绑定值后，可以通过 mysqli_stmt_execute() 函数执行 mysqli_stmt 实例。执行预处理语句时，数据库会将预处理语句与绑定的值结合起来，并进行相应的处理。

4. 处理结果集

如果预处理语句生成了查询结果集，则可以使用 mysqli_stmt_get_result() 函数获取结果集，然后使用 mysqli 结果集解析函数获取结果集中的数据，并进行相应的处理。如果预处理语句没有生成结果集，则可以跳过此步骤。

mysqli 扩展预处理语句常用函数及说明如表 6-7 所示。

表 6-7 mysqli 扩展预处理语句常用函数及说明

函数	说明
mysqli_prepare($link, $query)	用于准备预处理语句，并返回 mysqli_stmt 实例。参数$link 是数据库连接实例，参数$query 是要执行的 SQL 查询语句
mysqli_stmt_bind_param($stmt, $types, ...&$vars)	用于绑定预处理语句中的参数。参数$stmt 是mysqli_stmt实例，参数$types 是占位符对应的数据类型（"i"表示整型，"d"表示浮点型，"s"表示字符串型，"b"表示二进制大对象），参数$vars 是占位符对应的变量
mysqli_stmt_execute($stmt)	用于执行准备好的预处理语句。参数$stmt 是 mysqli_stmt 实例
mysqli_stmt_get_result($stmt)	用于返回 mysqli_result 实例。参数$stmt 是 mysqli_stmt 实例
mysqli_stmt_bind_result($stmt, ...&$vars)	用于绑定结果集的列值到变量。参数$stmt 是 mysqli_stmt 实例，参数$vars 是接收查询结果的对应变量
mysqli_stmt_fetch($stmt)	用于从准备好的语句中获取下一行结果。参数$stmt 是 mysqli_stmt 实例

【例 6-11】通过 mysqli 扩展使用预处理语句操作数据库，代码如下。

```php
<?php
const HOST = "localhost";
// 数据库服务器域名
const USERNAME = "root";
// 数据库登录用户名
const PASSWORD = "";
// 数据库登录密码
const DB = "demo";
// 要使用的数据库

// 清空指定表的数据
function truncate_table($table)
{
    $mysql = mysqli_connect(HOST, USERNAME, PASSWORD, DB);
    // 创建数据库连接
    $sql = "TRUNCATE TABLE $table ; ";
    // 使用 TRUNCATE 语句清空表
    $result = mysqli_query($mysql, $sql);
    // 执行 SQL 语句
    mysqli_close($mysql);
    // 关闭数据库连接
    return $result;
    // 返回执行结果
```

```
}
// 向表中插入朝代数据
function add_dynasty($dyna_name, $prev_dyna_id = 0)
{
    $mysql = mysqli_connect(HOST, USERNAME, PASSWORD, DB);
    // 创建数据库连接
    $sql = "INSERT INTO t_dynasty VALUE(null,?,?); ";
    // 使用 INSERT 语句插入数据
    $ps = mysqli_prepare($mysql, $sql);
    // 预处理 SQL 语句
    mysqli_stmt_bind_param($ps, "si", $dyna_name, $prev_dyna_id);
    // 绑定参数
    $result = mysqli_stmt_execute($ps);
    // 执行预处理语句
    mysqli_close($mysql);
    // 关闭数据库连接
    return $result;
    // 返回执行结果
}

// 更新表中的朝代数据
function update_dynasty($dyna_id, $dyna_name, $prev_dyna_id)
{
    $mysql = mysqli_connect(HOST, USERNAME, PASSWORD, DB);
    // 创建数据库连接
    $sql = "UPDATE t_dynasty SET dyna_name=? , prev_dyna_id=? WHERE dyna_id=?; ";
    // 使用 UPDATE 语句更新数据
    $ps = mysqli_prepare($mysql, $sql);
    // 预处理 SQL 语句
    mysqli_stmt_bind_param($ps, "sii", $dyna_name, $prev_dyna_id, $dyna_id);
    // 绑定参数
    $result = mysqli_stmt_execute($ps);
    // 执行预处理语句
    mysqli_close($mysql);
    // 关闭数据库连接
    return $result;
    // 返回执行结果
}

// 删除表中的朝代数据
function delete_dynasty($dyna_id)
{
    $mysql = mysqli_connect(HOST, USERNAME, PASSWORD, DB);
    // 创建数据库连接
    $sql = "DELETE FROM t_dynasty WHERE dyna_id=?; ";
    // 使用 DELETE 语句删除数据
    $ps = mysqli_prepare($mysql, $sql);
    // 预处理 SQL 语句
    mysqli_stmt_bind_param($ps, "i", $dyna_id);
    // 绑定参数
```

```php
    $result = mysqli_stmt_execute($ps);
    // 执行预处理语句
    mysqli_close($mysql);
    // 关闭数据库连接
    return $result;
    // 返回执行结果
}

// 获取所有朝代的数据
function get_all_dynasties()
{
    $mysql = mysqli_connect(HOST, USERNAME, PASSWORD, DB);
    // 创建数据库连接
    $sql = "SELECT * FROM t_dynasty";
    // 使用 SELECT 语句查询数据
    $ps = mysqli_prepare($mysql, $sql);
    // 预处理 SQL 语句
    mysqli_stmt_execute($ps);
    // 执行预处理语句
    $result = mysqli_stmt_get_result($ps);
    // 获取查询结果
    while ($row = mysqli_fetch_object($result)) {
        // 遍历查询结果的每一行数据
        var_dump($row);
        // 输出每一行数据
    }
    mysqli_free_result($result);
    // 释放结果集占用的资源
    mysqli_close($mysql);
    // 关闭数据库连接
}

truncate_table("t_dynasty");
// 清空 t_dynasty 表
$arr = ["夏", "商", "周", "秦", "汉"];
foreach ($arr as $i => $v) {
    add_dynasty($v, $i);
    // 循环插入朝代数据
}
update_dynasty(1, "夏朝", 0);
// 更新朝代数据，将"夏"修改为"夏朝"
delete_dynasty(2);
// 删除指定朝代数据
get_all_dynasties();
// 获取并输出所有朝代数据
?>
```

以上程序使用 mysqli 扩展通过预处理语句对 t_dynasty 表进行一系列操作，包括清空表、插入朝代数据、更新朝代数据、删除指定朝代数据以及获取并输出所有朝代数据。仔细阅读下面的程序代码。

```php
function update_dynasty($dyna_id, $dyna_name, $prev_dyna_id)
{
```

```
...
    $sql = "UPDATE t_dynasty SET dyna_name=? , prev_dyna_id=? WHERE dyna_id=?; ";
...
    mysqli_stmt_bind_param($ps, "sii", $dyna_name, $prev_dyna_id, $dyna_id);
...
}
```

代码中，$sql 是要进行的数据库操作语句，其中包含 3 个占位符，第一个占位符对应的值是字符类型，另外两个是整型。mysqli_stmt_bind_param() 函数调用时传入的实参"sii"表示预处理语句中有 3 个占位符，类型依次是字符串型、整型、整型，"sii"参数后面传入的 3 个变量名表示依次将它们的值绑定到对应的占位符上。

6.3.3 在 PDO 扩展中使用预处理语句

在 PDO 扩展中，使用预处理语句相比 mysqli 扩展提供了更灵活的操作方式，主要体现在以下几个方面。

在 PDO 扩展中
使用预处理语句

1. 使用多种形式的占位符

在 SQL 语句中，可以使用两种形式的占位符：问号"?"和冒号加占位符名":占位符名"。问号形式的占位符用于按照顺序绑定值，而冒号加占位符名的形式用于根据占位符名绑定值。

2. 使用占位符序号赋值

在使用问号形式的占位符时，可以使用占位符序号为对应的问号占位符赋值。占位符序号从 1 开始，表示占位符是语句中出现的第几个占位符。

3. 使用占位符名赋值

在使用冒号加占位符名的形式时，可以通过占位符名为对应的占位符赋值。这种操作的优势是，当占位符较多时，使用占位符名比使用序号更容易识别和维护占位符，不容易出错。

4. 使用数组传递参数

在执行预处理语句时，可以将值按照占位符的顺序放入一个数组中，然后将该数组作为参数传递给执行方法。预处理语句执行时会按照对应顺序从数组中获取值，并将其赋给相应的占位符。这种方式使得传递参数更加方便，特别是当需要处理大量参数时。

通过以上灵活的操作方式，PDO 扩展的预处理语句使得数据库操作更加方便、安全，可读性更强。可以根据具体需求选择合适的占位符形式和赋值方式，以实现更灵活和高效的数据库操作。

PDO 扩展提供了一组方法来执行预处理语句，常用的方法及说明如表 6-8 所示。

表 6-8　PDO 扩展预处理语句常用方法及说明

方法	说明
PDO::prepare($query)	用于准备预处理语句，并返回 PDOStatement 对象。参数 $query 是要执行的 SQL 语句
PDOStatement::bindParam($parameter, &$variable)	用于绑定预处理语句中的参数。参数 $parameter 是占位符名或者占位符的序号；参数 $variable 是占位符需要绑定的变量，该参数是引用传值
PDOStatement::bindValue($parameter, $variable)	用于绑定预处理语句中的参数。参数 $parameter 是占位符名或者占位符的序号；参数 $variable 是占位符需要绑定的变量，该参数是赋值传值
PDOStatement::execute(?$params)	用于执行准备好的预处理语句。参数 $params 是数组类型的可选参数，表示绑定到占位符的值，其元素数量与正在执行的 SQL 语句中的占位符数量相同
PDOStatement::fetch($mode)	用于获取结果集的下一行数据。参数 $mode 用于设置解析结果集返回的数据格式

187

【例 6-12】通过 PDO 扩展使用预处理语句操作数据库，代码如下。

```php
<?php
const DSN = "mysql:host=127.0.0.1;dbname=demo";
// 数据库连接字符串
const USERNAME = "root";
// 数据库登录用户名
const PASSWORD = "";
// 数据库登录密码

// 清空指定表的数据
function truncate_table($table)
{
    $pdo = new PDO(DSN, USERNAME, PASSWORD);
    // 创建数据库连接
    $result = $pdo->exec("TRUNCATE TABLE $table;");
    // 使用 exec() 函数执行 TRUNCATE 语句
    $pdo = null;
    // 关闭数据库连接
    return $result;
    // 返回执行结果
}

// 向表中插入朝代数据
function add_dynasty($dyna_name, $prev_dyna_id = 0)
{
    $pdo = new PDO(DSN, USERNAME, PASSWORD);
    // 创建数据库连接
    $ps = $pdo->prepare("INSERT INTO t_dynasty VALUE(null,?,?);");
    // 使用 prepare() 函数准备插入语句
    $ps->bindParam(1, $dyna_name);
    // 使用占位符索引绑定参数
    $ps->bindParam(2, $prev_dyna_id);
    // 使用占位符索引绑定参数
    $result = $ps->execute();
    // 执行预处理语句
    $pdo = null;
    // 关闭数据库连接
    return $result;
    // 返回执行结果
}

// 更新表中的朝代数据
function update_dynasty($dyna_id, $dyna_name, $prev_dyna_id)
{
    $pdo = new PDO(DSN, USERNAME, PASSWORD);
    // 创建数据库连接
    $ps = $pdo->prepare("UPDATE t_dynasty SET dyna_name = ? , prev_dyna_id = ? WHERE
dyna_id = ?;");
    // 使用 prepare() 函数准备更新语句
```

```php
    $result = $ps->execute([$dyna_name, $prev_dyna_id, $dyna_id]);
    // 执行预处理语句，使用数组传参数
    $pdo = null;
    // 关闭数据库连接
    return $result;
    // 返回执行结果
}


// 删除表中的朝代数据
function delete_dynasty($dyna_id)
{
    $pdo = new PDO(DSN, USERNAME, PASSWORD);
    // 创建数据库连接
    $ps = $pdo->prepare("DELETE FROM t_dynasty WHERE dyna_id = :dyna_id ;");
    // 使用 prepare() 函数准备删除语句
    $ps->bindParam("dyna_id", $dyna_id);
    // 使用占位符名绑定参数
    $result = $ps->execute();
    // 执行预处理语句
    $pdo = null;
    // 关闭数据库连接
    return $result;
    // 返回执行结果
}


// 获取所有朝代的数据
function get_all_dynasties()
{
    $pdo = new PDO(DSN, USERNAME, PASSWORD);
    // 创建数据库连接
    $ps = $pdo->prepare("SELECT * FROM t_dynasty");
    // 使用 prepare() 函数准备查询语句
    $ps->execute();
    // 执行预处理语句
    $arr = [];
    while ($row = $ps->fetch(PDO::FETCH_OBJ)) {
        // 遍历查询结果的每一行数据
        $arr[] = $row;
        // 将每一行数据添加到数组中
    }
    $pdo = null;
    // 关闭数据库连接
    return $arr;
    // 返回查询结果数组
}

truncate_table("t_dynasty");
// 清空 t_dynasty 表
```

```
$arr = ["夏", "商", "周", "秦", "汉"];
foreach ($arr as $i => $v) {
    add_dynasty($v, $i);
    // 循环插入朝代数据
}

update_dynasty(1, "夏朝", 0);  // 更新朝代数据, 将"夏"修改为"夏朝"
delete_dynasty(2);  // 删除指定朝代数据

var_dump(get_all_dynasties());  // 获取并输出所有朝代数据
?>
```

以上程序通过 PDO 扩展连接到 MySQL 数据库, 并通过预处理语句对 t_dynasty 表进行一系列操作, 包括清空表、插入朝代数据、更新朝代数据、删除指定朝代数据以及获取并输出所有朝代数据。

项目实践　使用 PHP 备份数据库

【实践目的】

了解数据库备份的意义; 掌握使用 PHP 操作 MySQL 数据库的方法, 以及将数据库备份到文件的方法。

【实践内容】

备份是防止数据丢失的重要手段。在硬件故障、软件错误、数据损坏或人为操作失误等情况下, 备份可以用来恢复数据。在网站或应用迁移到新的服务器, 或者数据库升级到新版本时, 备份可以帮助确保数据的完整性和可用性。除了使用 MySQL 命令或者其他第三方软件对数据库进行备份外, 还可以使用 PHP 代码完成数据库的备份操作, 这样做不需要额外安装软件, 可简化备份操作。

【例 6-13】使用 PHP 完成数据库备份, 代码如下。

```php
<?php
$host = "localhost";
$db   = "demo";
$user = "root";
$pass = "";
$charset = "utf8mb4";
$dsn = "mysql:host=$host;dbname=$db;charset=$charset";

// 创建连接
try {
    $pdo = new PDO($dsn, $user, $pass);
} catch (\PDOException $e) {
    die("Could not connect to the database $db :" . $e->getMessage());
}

// 动态获取所有表名
$tables = $pdo->query("SHOW TABLES")->fetchAll(PDO::FETCH_COLUMN);

// 备份表结构和数据的函数
function backupTable(PDO $pdo, $tableName)
{
    global $backupContent;
    // 获取表结构
    $tableStructure = "DESCRIBE `$tableName`;";
```

```php
$stmt = $pdo->query($tableStructure);
$backupContent .= "-- 删除`$tableName`表 \n";
$backupContent .= "DROP TABLE IF EXISTS `$tableName`;\n";
$hasPrimaryKey = false;
$primaryKey = '';
$backupContent .= "-- 创建`$tableName`表 \n";
$backupContent .= "CREATE TABLE `$tableName` (\n";
while ($row = $stmt->fetch(PDO::FETCH_ASSOC)) {
    $backupContent .= "    `" . $row['Field'] . "` " . $row['Type'];
    if (!empty($row['Null'])) {
        $backupContent .= " " . ($row['Null'] == "NO" ? "NOT" : "") . " NULL";
    }
    if (!empty($row['Default'])) {
        $backupContent .= " DEFAULT " . ($row['Default'] !== null ? $row['Default'] : 'NULL');
    }
    if (!empty($row['Extra'])) {
        $backupContent .= " " . $row['Extra'];
    }
    if ($row['Key'] === 'PRI') { // 检查是否为主键
        $hasPrimaryKey = true;
        $primaryKey = $row['Field'];
    }
    $backupContent .= ",\n";
}
// 添加主键定义

if ($hasPrimaryKey) {
    $backupContent .= "    PRIMARY KEY (`$primaryKey`)\n";
}

$backupContent .= ");\n";

// 备份数据
$backupContent .= "-- 添加`$tableName`表数据 \n";
$data = "SELECT * FROM `$tableName`;";
$stmt = $pdo->query($data);
$columns = $stmt->columnCount();
while ($row = $stmt->fetch(PDO::FETCH_NUM)) {
    $backupContent .= "INSERT INTO `$tableName` VALUES (";
    for ($i = 0; $i < $columns; $i++) {
        $backupContent .= $pdo->quote($row[$i]);
        if ($i < $columns - 1) {
            $backupContent .= ", ";
        }
    }
    $backupContent .= ");\n";
}
    $backupContent .= "\n";
}

// 备份内容初始化
$backupContent = "-- Generated: " . date("Y-m-d H:i:s") . " \n";
```

191

```php
// 循环备份每个表
foreach ($tables as $table) {
    backupTable($pdo, $table);
}

// 将备份内容写入文件
$backupFile = 'db_backup_' . date('Ymd_His') . '.sql';
file_put_contents($backupFile, $backupContent);
echo "Backup file created: " . $backupFile;
?>
```

使用 PHP 备份数据库的运行结果如图 6-9 所示。

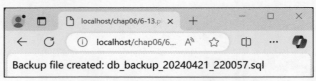

图 6-9　使用 PHP 备份数据库的运行结果

打开生成的数据库备份文件可以看到备份 SQL 语句，数据库备份文件如图 6-10 所示。

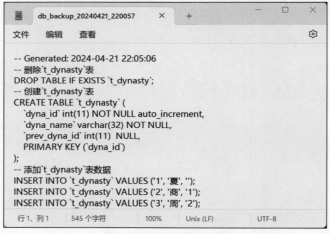

图 6-10　数据库备份文件

这段代码通过 PDO 扩展连接到 MySQL 数据库，然后动态获取所有表名，接着备份每个表的结构和数据到一个新的 SQL 文件。其中，使用 SHOW TABLES 查询动态获取所有表名，并将结果存储在 $tables 数组中。通过 DESCRIBE 查询获取表结构信息，遍历表结构的每一列，根据列的属性（如是否允许 null、是否有默认值、是否为主键等），构建相应的列定义，然后根据表结构生成相应的 CREATE TABLE 语句。接着，查询表数据并生成 INSERT 语句，将数据插入备份内容字符串。最后，将生成的备份内容写入以当前日期时间命名的 SQL 文件中，并输出备份文件已创建的消息。

项目小结

本项目介绍了在 PHP 中使用数据库扩展进行数据库操作的基本知识和技巧。通过学习本项目内容，读者可以了解如何使用 PHP 数据库扩展连接数据库，包括 mysqli 和 PDO 两种扩展。同时，还可以了解执行 SQL 语句的方法和技巧，在 PHP 中使用预处理语句进行数据库操作的方法，以及处理数据库查询结果集的方法。

　　通过掌握这些知识，我们能够在 PHP 中有效地连接数据库、执行 SQL 语句、使用预处理语句和处理查询结果集。这将使我们能够开发和维护与数据库交互的应用程序，并有效地管理数据库。在后续学习和实践过程中，我们可以探索更多高级的数据库操作和技术，以满足实际应用的需求。

课后习题

一、单选题

1. 在 PHP 中，使用（　　）函数可以建立与 MySQL 数据库的连接。
   A. connect()　　　　　　　　　　B. mysqli_connect()
   C. pdo_connect()　　　　　　　　D. db_connect()

2. （　　）扩展是 PHP 中专门用于操作 MySQL 数据库的面向对象扩展。
   A. mysqli　　　　B. PDO　　　　C. MySQL　　　　D. SQLite

3. 在使用 mysqli 扩展执行 SQL 语句时，（　　）函数可以获取执行的结果集。
   A. mysqli_connect()　　　　　　　B. mysqli_query()
   C. mysqli_result()　　　　　　　　D. mysqli_fetch()

4. 在 PDO 扩展中，使用（　　）方法可以执行预处理语句。
   A. prepare()　　　B. execute()　　　C. query()　　　D. bindParam()

5. 在预处理语句中，使用（　　）符号表示占位符。
   A. #　　　　　　B. !　　　　　　C. $　　　　　　D. ?

6. 在 PDO 扩展中，使用（　　）方法可以获取查询结果集的一行记录。
   A. fetch()　　　B. row()　　　C. result()　　　D. fetch_row()

7. 在 mysqli 扩展中，使用（　　）方法可以获取查询结果集的一行记录。
   A. fetch()　　　B. row()　　　C. result()　　　D. fetch_row()

8. 在 mysqli 扩展中，使用（　　）方法可以获取查询结果集的记录数量。
   A. result_count()　　B. count_rows()　　C. num_rows()　　D. fetch_count()

9. 在 PHP 中，释放数据库连接资源的方法是（　　）。
   A. close()　　　B. destroy()　　　C. release()　　　D. free()

10. 在 mysqli 扩展中，使用（　　）方法可以获得上一次查询的错误信息。
    A. mysqli_errormsg()　　　　　　B. mysqli_errno()
    C. mysqli_errorno()　　　　　　　D. mysqli_error()

二、填空题

1. PHP 连接 MySQL、SQLite 等不同类型的数据库需要使用_____扩展。

2. 阅读代码并补充内容，使用合适的扩展创建一个数据库连接。
$conn = new _____("mysql:host=localhost;dbname=database", "root","");

3. 在 mysqli 扩展中，使用_____函数可以执行一条 SQL 语句并返回结果集对象。

4. 在 PDO 扩展中，使用_____方法可以执行一条 SQL 语句并返回结果集对象。

5. 在 PDO 扩展中，使用_____方法可以获取查询结果集的下一行数据。

项目7

综合案例——中国文化墙的设计与实现

07

【知识目标】

- 理解PHP基础知识。
- 理解数据库交互方法。
- 熟悉Web开发流程。

【能力目标】

- 能够独立开发Web应用。
- 能够完成数据库设计。
- 能够进行前端与后端协同。

【素质目标】

- 培养自我学习和探索新技术的意识。
- 培养解决问题的能力。

情境引入　用文化墙展现丰富多彩的中国文化

我国拥有着数千年的悠久文化，她的历史如同一条蜿蜒流淌的长河，滋养着这片土地上的万物生灵。中国文化的丰富多样，不仅体现在其深厚的历史积淀中，更在每一个时代的变迁中展现出独特的魅力。

在艺术领域，我国的绘画、书法、戏剧、舞蹈、音乐等，都有着独特的审美标准和表现手法。山水画以"意境深远、笔法简练"著称，书法则以线条的流动和结构的和谐展现了书写者的个性与情感。京剧、昆曲等传统戏剧，蕴含丰富的表演艺术和深厚的文化内涵。

本项目将使用PHP来构建一个中国文化墙的Web应用，旨在展示我国文化的丰富性。

任务7.1　前期设计

在前期设计阶段，需要明确软件开发的具体需求，在此基础上选择合适的技术栈和框架，设计用户友好的界面以提高用户体验，并设计数据库模型等。

中国文化墙应用将包括文化类别的添加、删除、编辑以及主页浏览功能，以便用户管理和探索中国文化的各个方面。技术栈方面用 Bootstrap 实现页面，用 PHP 实现动态数据部分，数据库选择 MySQL 数据库。下面将围绕中国文化墙应用的需求，实现主页面、编辑页面、数据库以及公共配置。

📖 **任务实践**

7.1.1　主页面

在设计中国文化墙的主页面时，采用瀑布流式布局可以为用户提供视觉上吸引人且易于浏览的页面。这种布局允许内容以不规则的网格形式排列，使得页面看起来更加动态和有趣。主页面原型设计如图 7-1 所示。

中国文化

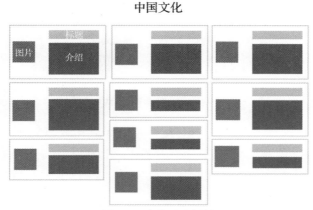

图 7-1　主页面原型设计

index.html 实现了文化墙静态主页，代码如下。

```html
<!DOCTYPE html>
<html lang="en">

<head>
    <meta charset="utf-8">
    <meta name="viewport" content="width=device-width, initial-scale=1, shrink-to-fit=no">

    <link rel="stylesheet" href="https://cdn.jsdelivr.net/npm/bootstrap@4.6.1/dist/css/bootstrap.min.css">
    <link rel="stylesheet" href="https://cdn.jsdelivr.net/npm/bootstrap-icons@1.7.2/font/bootstrap-icons.css">

    <title>首页</title>
</head>

<body>
    <h1 class="text-center my-5">中国文化</h1>
    <hr>
    <div class="position-absolute" style="right:10px;top:20px;">
        <a href="">登录</a>
        <a href="">修改密码</a>
        <a href="">退出</a>
```

```
        </div>
    <div class="container">
        <div class="card-columns ">
            <div class="card">
                <div class="row">
                    <div class="col-4 d-flex align-items-center">
                        <a class="" href="#">
                            <img src="../image/default.png" class="img-fluid">
                        </a>
                    </div>
                    <div class="col">
                        <blockquote class="blockquote mb-0 card-body">
                            <p class="text-center">文化分支</p>
                            <footer class="blockquote-footer">
                                <small class="text-muted">
                                    中国传统文化xx分支简介
                                </small>
                                <div class="btn-group btn-group-sm d-block text-right
mt-2">
                                    <a href="" class="btn btn-outline-primary">编辑</a><a
href=""
                                        class="btn btn-outline-danger">删除</a>
                                </div>
                            </footer>
                        </blockquote>
                    </div>
                </div>
            </div>
            <div class="card">
                <div class="row">
                    <div class="col-4 d-flex align-items-center">
                        <a class="" href="#">
                            <img src="../image/default.png" class="img-fluid">
                        </a>
                    </div>
                    <div class="col">
                        <blockquote class="blockquote mb-0 card-body">
                            <p class="text-center">文化分支</p>
                            <footer class="blockquote-footer">
                                <small class="text-muted">
                                    中国传统文化xx分支简介
                                </small>
                                <div class="btn-group btn-group-sm d-block text-right
mt-2">
                                    <a href="" class="btn btn-outline-primary">编辑</a><a
href=""
                                        class="btn btn-outline-danger">删除</a>
                                </div>
                            </footer>
                        </blockquote>
                    </div>
                </div>
```

```
            </div>

        <div class="card">
            <div class="row">
                <div class="col d-flex align-items-center justify-content-center
p-3">
                    <a class="h1" href="#">
                        <i class="bi-plus-square-dotted text-dark"></i>
                    </a>
                </div>
            </div>
        </div>
    </div>
</div>
</body>

</html>
```

文化墙静态主页运行结果如图 7-2 所示。

图 7-2　文化墙静态主页运行结果

代码实现的是一个简单的 HTML 页面，用于展示中国文化的内容。页面使用了 Bootstrap 框架来实现样式和布局。

7.1.2　编辑页面

在设计用户界面时，需提供编辑功能，允许用户添加、修改内容。在编辑页面中，用户可以进行以下操作。

（1）输入文化名称：用户可以输入文化的名称。

（2）撰写文化介绍：用户可以撰写一段关于该文化项目的介绍性文字，概述其历史、特点和重要性，以便其他用户更好地理解。

（3）上传文化图片：用户可以上传与文化项目相关的图片，这些图片将作为文化内容的视觉展示，增强信息的吸引力。

edit.html 实现了文化墙静态编辑页面，代码如下。

```
<!DOCTYPE html>
<html lang="en">
```

```
    <head>
        <meta charset="utf-8">
        <meta name="viewport" content="width=device-width, initial-scale=1, shrink-
to-fit=no">

        <link rel="stylesheet" href="https://cdn.jsdelivr.net/npm/bootstrap@4.6.1/
dist/css/bootstrap.min.css">
        <link rel="stylesheet" href="https://cdn.jsdelivr.net/npm/bootstrap-icons@1.7.2/
font/bootstrap-icons.css">

        <title>编辑</title>
    </head>

    <body>
        <h3 class="text-center my-5">编辑页面</h1>
            <div class="container shadow p-5">
                <div class="row">
                    <div class="col-10 offset-1">
                        <form>
                            <div class="form-group row">
                                <label class="col-2 col-form-label">标题</label>
                                <div class="col-10">
                                    <input type="text" class="form-control" value="天干">
                                    <input type="hidden" name="id" value="">
                                </div>
                            </div>
                            <div class="form-group row">
                                <label class="col-2 col-form-label">图片</label>
                                <div class="col-1">
                                    <img src="../image/default.png" class="img-fluid" />
                                </div>
                                <div class="col">
                                    <input type="file" class="form-control-file">
                                </div>
                            </div>
                            <div class="form-group row">
                                <label class="col-2 col-form-label">介绍</label>
                                <div class="col-10">
                                    <textarea type="text" class="form-control"
                                        rows="5">甲、乙、丙、丁、戊、己、庚、辛、壬、癸的总称。</textarea>
                                </div>
                            </div>
                            <div class="form-group row">
                                <div class="col-5 offset-2">
                                    <button type="submit" class="btn btn-primary btn-block">
保存</button>
                                </div>
                                <div class="col-5">
                                    <button type="button" class="btn btn-warning btn-block">
返回</button>
                                </div>
                            </div>
```

```
                    </form>
                </div>
            </div>
        </div>
    </body>
</html>
```

文化墙静态编辑页面运行结果如图 7-3 所示。

图 7-3　文化墙静态编辑页面运行结果

代码实现的是一个简单的 HTML 页面，并使用 Bootstrap 框架提供的样式和布局来美化页面，用于编辑文化信息。页面中包含一个表单，表单中有 3 个字段：标题、图片和介绍。用户可以在这些字段中输入或修改文化信息。

7.1.3　数据库

在设计中国文化墙的数据库（culture）时，至少需要两张表来存储不同的信息。以下是这两张表的设计。

1. 用户信息表

用户信息（t_user）表用于存储用户的登录信息，包括用户主键、用户名、密码、角色（如管理员或普通用户）。t_user 表结构如表 7-1 所示。

表 7-1　t_user 表结构

字段名	类型	约束	说明
id	int	主键、自增长	用户主键
username	varchar(32)	非空	用户名
pwd	varchar(32)	非空	密码
role	varchar(32)	非空	角色

2. 文化分类信息表

文化分类信息（t_category）表用于存储文化分类类别的详细信息，包括文化分类主键、文化名、文化图片、文化介绍。t_category 表结构如表 7-2 所示。

表 7-2 t_category 表结构

字段名	类型	约束	说明
cate_id	int	主键、自增长	文化分类主键
cate_name	varchar(32)	非空	文化名
cate_logo	varchar(255)	非空	文化图片
cate_describe	varchar(255)	非空	文化介绍

7.1.4 公共配置

编写公共配置文件是软件开发中的一种常见实践。将所有共享的配置信息集中在一个文件中，便于统一管理和维护。当配置发生变化时，只需修改配置文件，而无须修改多个应用程序或模块的代码。通过将配置信息与代码逻辑分离，可以降低代码的复杂性，使得开发和维护工作更加清晰和高效。调整配置的时候，开发者不需要深入代码的各个部分去查找和修改，只需在配置文件中进行更改。

const.php 定义了一些系统公共配置，代码如下。

```php
<?php
// 定义基础 URI
const BASE_URI = "http://www.culture.local/";
// 定义数据库主机地址
const HOST = "localhost";
// 定义数据库登录用户名
const USERNAME = "root";
// 定义数据库登录密码
const PASSWORD = "";
// 定义数据库名
const DB = "culture";
?>
```

常量 BASE_URI 定义了项目相对路径的基础路径。如果按照项目 1 的项目实践完成了虚拟主机配置，那么 BASE_URI 可设置为虚拟主机地址。

在 HTML 代码中，如果使用了相对路径，而这些相对路径需要相对于某个特定的 URL，那么可以设置<base>元素。<base>元素用于指定页面中所有相对 URL 的默认基础 URL。<base>元素应该放在<head>部分，并且只能有一个<base>元素，示例代码如下。

```html
<head>
    <base href="<?= BASE_URI ?>">
</head>
```

常量 HOST 定义了数据库主机地址，常量 USERNAME 定义了数据库登录用户名，常量 PASSWORD 定义了数据库登录密码，常量 DB 定义了数据库名。

任务 7.2 权限功能实现

中国文化墙应用的权限功能主要是控制非登录用户对系统资源的访问，以确保系统的安全性和合规性。通过身份验证机制，只有合法且被授权的用户才能执行特定的操作，从而保护系统免受未授权访问和潜在的安全威胁。

任务实践

7.2.1　登录功能实现

登录功能由 login.php 和 login_serve.php 两个文件实现。其中，login.php 负责前端页面的呈现，而 login_serve.php 负责处理登录业务逻辑。

login.php 用于生成登录页面，代码如下。

```php
<?php
require_once("./const.php");
?>
<!DOCTYPE html>
<html lang="en">

<head>
    <meta charset="utf-8">
    <meta name="viewport" content="width=device-width, initial-scale=1, shrink-to-fit=no">
    <base href="<?= BASE_URI ?>">

    <link rel="stylesheet" href="https://cdn.jsdelivr.net/npm/bootstrap@4.6.1/dist/css/bootstrap.min.css">
    <link rel="stylesheet" href="https://cdn.jsdelivr.net/npm/bootstrap-icons@1.7.2/font/bootstrap-icons.css">

    <title>登录</title>
</head>

<body>
    <div class="container">
        <div class="row">
            <div class="col-8 offset-2  mt-5 p-5 shadow">
                <form action="./login_serve.php" method="post">
                    <div class="form-group row">
                        <label class="col-2 col-form-label">用户名</label>
                        <div class="col-10">
                            <input type="text" class="form-control" name="username" value="">
                        </div>
                    </div>
                    <div class="form-group row">
                        <label class="col-2 col-form-label">密码</label>
                        <div class="col-10">
                            <input type="password" class="form-control" name="pwd" value="">
                        </div>
                    </div>
                    <div class="form-group row">
                        <div class="col-10 offset-2">
                            <button class="btn btn-primary">登录</button>
                            <button type="button" class="btn btn-warning" onclick="location.href='index.php'">首页</button>
```

```
            </div>
          </div>
        </form>
      </div>
    </div>
  </div>
</body>

</html>
```

代码主要实现的是一个简单的登录页面，包含用户名和密码的输入框，以及用于登录和跳转的按钮。用户可以输入用户名和密码，然后单击"登录"按钮，提交表单到 login_serve.php 进行后续处理。另外，还有一个"首页"按钮，单击后会跳转到主页面。

login_serve.php 用于处理登录业务，代码如下。

```php
<?php
// 引入常量文件
require_once("./const.php");
// 开启会话
session_start();
// 设置登录页面地址
$target = BASE_URI . "login.php";
// 设置主页地址
$index = BASE_URI . "index.php";
// 获取用户名和密码
$username = $_POST["username"]??'';
$pwd = $_POST["pwd"]??'';
// 判断用户名和密码是否为空
if (empty($username) || empty($pwd)) {
    // 如果为空，则弹出提示框，跳转到登录页面
    echo "<script>alert('用户名或者密码不能为空');location='{$target}';</script>";
    exit;
}
// 连接数据库
$mysql = new mysqli(HOST, USERNAME, PASSWORD, DB);
// 查询语句
$sql = "SELECT * FROM t_user WHERE username=? AND pwd=?;";
// 预处理语句
$ps = $mysql->prepare($sql);
// 绑定参数
$ps->bind_param("ss", $username, $pwd);
// 执行查询
$ps->execute();
// 获取查询结果
$result = $ps->get_result();
// 判断是否有结果
if ($obj = $result->fetch_object()) {
    // 如果有，则将用户名和角色存入会话
    $_SESSION["username"] = $obj->username;
    $_SESSION["role"] = $obj->role;
    // 跳转到主页
    header("Location: {$index}");
```

```
    } else {
        // 如果没有，则弹出提示框，跳转到登录页面
        echo "<script>alert('登录失败');location='{$target}';</script>";
        exit;
    }
?>
```

代码通过获取用户输入的用户名和密码，连接数据库并查询用户信息表，判断用户输入是否正确，并跳转到相应的页面。

在登录成功后，系统会将用户名和角色信息保存到 Session 中，以作为登录标识。这样，其他需要用户登录才能访问的页面就可以通过 Session 获取相应的用户数据。请注意，在使用 Session 之前，务必使用 session_start()函数启用 Session 功能。

7.2.2　退出功能实现

退出功能主要用于用户安全地结束当前会话。在用户单击退出按钮后，会执行销毁 Session 中存储的用户信息的操作。这样可以确保用户在退出后不再保持与系统的连接。

此外，退出功能还负责将用户重定向到主页面，以提供更流畅的用户体验。重定向操作有助于确保用户在注销后直接回到系统的起始页面，而不会停留在之前访问的页面。

logout.php 用于实现用户退出功能，代码如下。

```
<?php
require_once("./const.php");
// 启动会话
session_start();
// 销毁会话
session_destroy();
// 设置重定向地址
$index = BASE_URI . "index.php";
// 重定向到 index.php 页面
header("Location: {$index}");
?>
```

代码通过 session_destroy()函数销毁会话来安全地结束用户的当前会话，清除相关数据，然后利用重定向功能将用户导向系统主页面，提供了一种友好且安全的退出系统的方式。

7.2.3　登录拦截功能实现

在 Web 应用程序开发中，确保某些页面仅对已登录用户开放是一种常见的安全措施。对于需要用户登录的 PHP 页面，必须先对用户状态进行验证。为达到这一目的，可创建登录拦截代码，其主要职责是检查当前用户的 Session 是否包含登录标识，如果不存在登录标识，则将请求重定向到登录页面。在后续需要登录拦截功能的 PHP 文件中，引入登录拦截代码即可实现登录拦截功能，确保只有经过身份验证的用户才能够访问受限页面。

登录拦截功能实现

login_filter.php 用于实现登录拦截功能，代码如下。

```
<?php
// 引入常量文件
require_once("./const.php");
// 开启会话
session_start();
```

```php
// 设置登录页面的地址
$login = BASE_URI . "login.php";
// 判断用户是否登录且角色是管理员，如果没有登录或角色不是管理员，则重定向到登录页面
if (!isset($_SESSION['username']) || $_SESSION["role"] !== "admin") {
    header("Location: {$login}");
    exit;
}
?>
```

代码的功能是检查用户是否登录且角色是管理员，如果没有登录或角色不是管理员，则重定向到登录页面。

任务7.3 业务功能实现

业务功能实现是软件开发的核心部分。中国文化墙应用的业务功能实现环节主要进行的是将前期提出的业务需求转化为具体的软件功能，具体包括实现中国文化墙应用中的文化类别信息的浏览功能、添加功能、删除功能和编辑功能。

📖 任务实践

7.3.1 浏览功能实现

在中国文化墙应用中，文化类别信息浏览功能作为案例主页面的一部分，由 index.php 文件实现，为用户提供了一个直观的展示页面，以便浏览和选择不同的文化类别信息。

index.php 实现了文化墙应用的主页面，代码如下。

```php
<?php
require_once("./const.php");
session_start();
?>
<!DOCTYPE html>
<html lang="en">

<head>
    <meta charset="utf-8">
    <meta name="viewport" content="width=device-width, initial-scale=1, shrink-to-fit=no">
    <base href="<?= BASE_URI ?>">

    <link rel="stylesheet" href="https://cdn.jsdelivr.net/npm/bootstrap@4.6.1/dist/css/bootstrap.min.css">
    <link rel="stylesheet" href="https://cdn.jsdelivr.net/npm/bootstrap-icons@1.7.2/font/bootstrap-icons.css">

    <title>首页</title>
</head>

<body>
    <h1 class="text-center my-5">中国文化</h1>
    <div class="position-absolute" style="right:10px;top:20px;">
        <?php
        if (!isset($_SESSION["username"])) {
```

```
            ?>
                <a href="./login.php">登录</a>
        <?php
        } else {
        ?>
                <a href="./modify_pwd.php">修改密码</a>
                <a href="./logout.php">退出</a>
        <?php
        } //end if-else
        ?>
    </div>
    <div class="container">
        <div class="card-columns">
            <?php
            $mysql = new mysqli(HOST, USERNAME, PASSWORD, DB);
            $ps = $mysql->prepare("SELECT * FROM t_category;");
            $ps->execute();
            $result = $ps->get_result();

            while ($obj = $result->fetch_object()) :
            ?>
                <div class="card">
                    <div class="row">
                        <div class="col-4 d-flex align-items-center">
                            <a href="#">
                                <img src="<?= $obj->cate_logo ?>" class="img-fluid">
                            </a>
                        </div>
                        <div class="col">
                            <blockquote class="blockquote mb-0 card-body">
                                <p class="text-center"><?= $obj->cate_name ?></p>
                                <footer class="blockquote-footer">
                                    <small class="text-muted">
                                        <?= $obj->cate_describe ?>
                                    </small>
                                    <?php
                                    if (isset($_SESSION["role"]) && $_SESSION["role"] ===
"admin") :
                                    ?>
                                        <div class="btn-group btn-group-sm d-block text-
right mt-2">
                                            <a href="./category_edit.php?cate_id=<?= $obj->
cate_id ?>" class="btn btn-outline-primary">编辑</a><a href="./category_del_serve.php?
cate_id=<?= $obj->cate_id ?>" class="btn btn-outline-danger">删除</a>
                                        </div>
                                    <?php
                                    endif; //end if
                                    ?>
                                </footer>
                            </blockquote>
                        </div>
                    </div>
                </div>
            <?php
```

```
            endwhile; //end while
            $result->free_result();
            $mysql->close();
            ?>
            <?php
            if (isset($_SESSION["role"]) && $_SESSION["role"] === "admin") :
            ?>
                <div class="card">
                    <div class="row">
                        <div class="col d-flex align-items-center justify-content-
center p-3">
                            <a class="h1" href="./category_add.php">
                                <i class="bi-plus-square-dotted text-dark"></i>
                            </a>
                        </div>
                    </div>
                </div>
            <?php
            endif; //end if
            ?>
        </div>
    </div>
</body>

</html>
```

代码实现的是一个简单的网页，用于展示中国文化的分类信息。根据用户的登录状态和角色，显示
不同的链接和操作按钮。通过连接数据库，执行查询语句 SELECT * FROM t_category 来获取文化分
类信息，然后使用循环遍历查询结果，将每个分类信息显示为一个卡片。同时判断用户角色是否为管理
员（admin），如果是管理员，则可以进行分类的编辑、删除。在循环结束后，会为管理员角色显示一个
用于添加分类的卡片。

7.3.2　添加功能实现

在中国文化墙应用的开发中，添加文化类别信息的功能涉及前端添加页面的展
示和后端业务逻辑的处理。这个功能的实现主要涉及两个 PHP 文件：category_
add.php 和 category_add_serve.php。

添加功能实现

category_add.php 用于实现文化分类添加页面，代码如下。

```
<?php
require_once("./const.php");
require_once("./login_filter.php");
?>
<!DOCTYPE html>
<html lang="en">

<head>
    <meta charset="utf-8">
    <meta name="viewport" content="width=device-width, initial-scale=1, shrink-to-
fit=no">
    <base href="<?= BASE_URI ?>">

    <link rel="stylesheet" href="https://cdn.jsdelivr.net/npm/bootstrap@4.6.1/
dist/css/bootstrap.min.css">
```

```
        <link rel="stylesheet" href="https://cdn.jsdelivr.net/npm/bootstrap-icons@1.7.2/
font/bootstrap-icons.css">

        <title>添加</title>
    </head>

    <body>
        <h3 class="text-center my-5">添加页面</h1>
            <div class="container shadow p-5">
                <div class="row">
                    <div class="col-10 offset-1">
                        <form action="category_add_serve.php" method="POST" enctype=
"multipart/form-data">
                            <div class="form-group row">
                                <label class="col-2 col-form-label">标题</label>
                                <div class="col-10">
                                    <input type="text" class="form-control" name="cate_
name" value="">
                                </div>
                            </div>
                            <div class="form-group row">
                                <label class="col-2 col-form-label">图片</label>
                                <div class="col">
                                    <input type="file" class="form-control-file" name=
"cate_logo">
                                </div>
                            </div>
                            <div class="form-group row">
                                <label class="col-2 col-form-label">介绍</label>
                                <div class="col-10">
                                    <textarea type="text" class="form-control" name="cate_
describe" rows="5"></textarea>
                                </div>
                            </div>
                            <div class="form-group row">
                                <div class="col-5 offset-2">
                                    <button type="submit" class="btn btn-primary btn-block">
保存</button>
                                </div>
                                <div class="col-5">
                                    <button type="button" class="btn btn-warning btn-block"
onclick="location.href='index.php';">返回</button>
                                </div>
                            </div>
                        </form>
                    </div>
                </div>
            </div>

    </body>

    </html>
```

代码的作用是创建一个用于添加文化分类的页面，用户可以在页面中填写表单数据并提交保存，或者返回主页面。该页面通过文件导入的方式引入登录拦截代码，使得页面需要登录后才能访问。

207

category_add_serve.php 用来处理文化分类添加业务，代码如下。

```php
<?php
// 引入常量文件
require_once("./const.php");
// 引入登录拦截文件
require_once("./login_filter.php");
// 定义目标地址
$target = BASE_URI . "category_add.php";
// 定义默认文化图片
$cate_logo = "./image/default.png";
// 获取上传的文化图片
$tmp_name = $_FILES["cate_logo"]["tmp_name"];
// 判断文化图片是否为空
if (!empty($tmp_name)) {
    // 获取文化图片扩展名
    $file_extension = substr($_FILES["cate_logo"]["name"], strrpos($_FILES["cate_logo"]["name"], "."));
    // 生成新的文化图片名
    $cate_logo = "./image/" . time() . $file_extension;
    // 判断文化图片是否上传成功
    if (!move_uploaded_file($tmp_name, $cate_logo)) {
        // 提示上传失败，并跳转到目标地址
        echo "<meta http-equiv='refresh' content='3; url={$target}'>";
        echo "上传失败, 3s后<a href='{$target}'>返回</a></script>";
        exit;
    }
}
// 获取文化名
$cate_name = $_POST["cate_name"];
// 获取文化介绍
$cate_describe = $_POST["cate_describe"];
// 判断文化名是否为空
if (empty($cate_name)) {
    // 提示缺少文化名，并跳转到目标地址
    echo "<meta http-equiv='refresh' content='3; url={$target}'>";
    echo "缺少文化名, 3s后<a href='{$target}'>返回</a></script>";
    exit;
}

// 连接数据库
$mysql = new mysqli(HOST, USERNAME, PASSWORD, DB);
// 定义 SQL 语句
$sql = "INSERT INTO t_category VALUE(null,?,?,?);";

// 准备 SQL 语句
$ps = $mysql->prepare($sql);
// 绑定参数
$ps->bind_param("sss", $cate_name, $cate_logo, $cate_describe);
// 执行 SQL 语句
```

```php
$ps->execute();
// 关闭数据库连接
$mysql->close();
// 提示操作成功，并跳转到目标地址
echo "<script>alert('操作成功');location='{$target}';</script>";
?>
```

代码实现了向数据库中添加一个新的文化分类的功能。首先引入常量文件和登录拦截文件，定义跳转目标地址和默认文化图片。然后获取上传的文化图片，如果上传成功，则生成新的文化图片名并将其移动到指定目录中。接着获取文化名和文化介绍，如果文化名为空，则提示缺少文化名并跳转到目标地址。之后连接数据库，将新的文化分类信息插入数据库。最后提示操作成功并跳转到目标地址。

7.3.3 删除功能实现

管理员登录后可以单击主页面文化分类对应的删除链接，从数据库中删除对应的文化分类。category_del_serve.php 用来处理文化分类删除业务，代码如下。

```php
<?php
// 引入 const.php 文件
require_once("./const.php");
// 引入 login_filter.php 文件
require_once("./login_filter.php");
// 获取 cate_id 参数
$cate_id = $_GET["cate_id"] ?? 0;
// 如果 cate_id 不为空
if (!empty($cate_id)) {
    // 连接数据库
    $mysql = new mysqli(HOST, USERNAME, PASSWORD, DB);
    // 执行 SQL 语句
    $sql = "DELETE FROM t_category WHERE cate_id=? ;";
    $ps = $mysql->prepare($sql);
    $ps->bind_param("i", $cate_id);
    $result = $ps->execute();
    // 关闭数据库连接
    $mysql->close();
}
// 重定向到 index.php 页面
header("Location: " . BASE_URI . "index.php");
?>
```

代码的功能是根据传入的 cate_id 参数从数据库中删除对应的文化分类，并将页面重定向到 index.php 页面。

7.3.4 编辑功能实现

在中国文化墙应用的开发中，编辑文化类别信息的功能涉及前端编辑页面的展示和后端业务逻辑的处理。这个功能的实现主要涉及两个 PHP 文件：category_edit.php 和 category_edit_serve.php。

category_edit.php 用于实现文化分类编辑页面，代码如下。

编辑功能实现

```php
<?php
require_once("./const.php");
```

```php
require_once("./login_filter.php");
$cate_id = $_GET["cate_id"] ?? 0;
?>
<!DOCTYPE html>
<html lang="en">

<head>
    <meta charset="utf-8">
    <meta name="viewport" content="width=device-width, initial-scale=1, shrink-
to-fit=no">
    <base href="<?= BASE_URI ?>">

    <link rel="stylesheet" href="https://cdn.jsdelivr.net/npm/bootstrap@4.6.1/
dist/css/bootstrap.min.css">
    <link rel="stylesheet" href="https://cdn.jsdelivr.net/npm/bootstrap-icons@1.7.2/
font/bootstrap-icons.css">

    <title>编辑</title>
</head>

<body>
    <h3 class="text-center my-5">编辑页面</h1>
        <div class="container shadow p-5">
            <div class="row">
                <div class="col-10 offset-1">
                    <?php
                    $mysql = new mysqli(HOST, USERNAME, PASSWORD, DB);
                    $sql = "SELECT * FROM t_category WHERE cate_id=? ; ";
                    $ps = $mysql->prepare($sql);
                    $ps->bind_param("i", $cate_id);
                    $ps->execute();
                    $result = $ps->get_result();
                    if (!$result->num_rows) {
                        echo "<script>alert('没有找到分类');location.href='index.php';
</script>";
                        exit;
                    }
                    $obj = $result->fetch_object();
                    $result->free_result();
                    $mysql->close();
                    ?>
                    <form action="category_edit_serve.php" method="POST" enctype=
"multipart/form-data">
                        <div class="form-group row">
                            <label class="col-2 col-form-label">标题</label>
                            <div class="col-10">
                                <input type="text" class="form-control" name="cate_
name" value="<?= $obj->cate_name ?>">
                                <input type="hidden" name="cate_id" value="<?= $obj->
cate_id ?>">
                            </div>
                        </div>
                        <div class="form-group row">
                            <label class="col-2 col-form-label">图片</label>
```

```
                                        <div class="col-1">
                                            <img src="<?= $obj->cate_logo ?>" class="img-fluid" />
                                        </div>
                                        <div class="col">
                                            <input type="file" class="form-control-file" name=
"cate_logo">
                                        </div>
                                    </div>
                                    <div class="form-group row">
                                        <label class="col-2 col-form-label">介绍</label>
                                        <div class="col-10">
                                            <textarea type="text" class="form-control" name=
"cate_describe" rows="5"><?= $obj->cate_describe ?></textarea>
                                        </div>
                                    </div>
                                    <div class="form-group row">
                                        <div class="col-5 offset-2">
                                            <button type="submit" class="btn btn-primary btn-block">
保存</button>
                                        </div>
                                        <div class="col-5">
                                            <button type="button" class="btn btn-warning btn-block"
onclick="location.href='index.php';">返回</button>
                                        </div>
                                    </div>
                                </form>
                            </div>
                        </div>
                    </div>

    </body>

</html>
```

代码的作用是创建一个用于添加文化分类的页面，它的主要功能是从数据库中获取主键为
$_GET["cate_id"]的文化分类信息，并在一个编辑表单中显示出来，用户可以对分类信息进行编辑和提
交保存。

category_edit_serve.php 用于处理文化分类编辑业务，代码如下。

```php
<?php
// 引入常量文件
require_once("./const.php");
// 引入登录拦截文件
require_once("./login_filter.php");
// 定义目标地址
$target = BASE_URI . "category_edit.php";
// 定义文化图片
$cate_logo = "";
// 获取上传的文件
$tmp_name = $_FILES["cate_logo"]["tmp_name"];
// 判断文件是否为空
if (!empty($tmp_name)) {
    // 获取文件扩展名
```

```php
    $file_extension = substr($_FILES["cate_logo"]["name"], strrpos($_FILES["cate_logo"]["name"], "."));
    // 定义文化图片路径
    $cate_logo = "./image/" . time() . $file_extension;
    // 判断文化图片是否上传成功
    if (!move_uploaded_file($tmp_name, $cate_logo)) {
        // 提示上传失败
        echo "<meta http-equiv='refresh' content='3; url={$target}'>";
        echo "上传失败, 3s 后<a href='{$target}'>返回</a></script>";
        exit;
    }
}
// 获取分类id
$cate_id = $_POST["cate_id"];
// 获取文化名
$cate_name = $_POST["cate_name"];
// 获取文化介绍
$cate_describe = $_POST["cate_describe"];
// 连接数据库
$mysql = new mysqli(HOST, USERNAME, PASSWORD, DB);
// 定义 SQL 语句
$sql = "UPDATE t_category SET cate_name=?,cate_describe=?" . (empty($tmp_name) ?
"" : ",cate_logo=?") . " WHERE cate_id=?;";
// 准备预处理语句
$ps = $mysql->prepare($sql);
// 判断文件是否为空
if (empty($tmp_name)) {
    // 绑定参数
    $ps->bind_param("ssi", $cate_name, $cate_describe, $cate_id);
} else {
    // 绑定参数
    $ps->bind_param("sssi", $cate_name, $cate_describe, $cate_logo, $cate_id);
}
// 执行 SQL 语句
$ps->execute();
// 关闭数据库连接
$mysql->close();
// 提示操作成功
echo "<script>alert('操作成功');location='{$target}?cate_id={$cate_id}';</script>";
?>
```

代码的功能是更新数据库中的文化分类信息。它首先判断是否有上传的文件，如果有，则将文件移动到指定路径作为分类的文化图片。然后，获取文化分类的主键、文化名称和文化介绍。接下来，连接到数据库并执行更新操作。最后，提示操作成功并完成页面跳转。

////// 项目实践　使用分页完善浏览功能

【实践目的】

掌握分页方法，利用分页提升用户体验，提高系统的性能。

【实践内容】

分页是一种在显示大量数据时，将数据分成多个页面进行展示的技术。它主要用于解决一次性展示所有数据会导致页面过长、加载时间过长、用户体验差等问题。以下是分页的一些常见特点。

（1）提升用户体验：面对大量数据，分页允许用户以更小的块来浏览信息，避免了一次性加载所有数据导致的页面加载缓慢的问题，从而提升用户的浏览体验。

（2）减轻服务器压力：通过分页，服务器不必一次性处理所有数据，而是仅处理用户请求的当前页面数据，这有助于减少服务器资源的使用，提高响应速度。

（3）优化数据库性能：分页查询可以减轻数据库的负担，因为数据库只需要检索用户当前页面所需的数据，而不是整个数据集。

（4）节省网络资源：在网络应用中，分页有助于减少数据传输量，从而节省带宽，这对于网络连接不稳定或带宽有限的用户尤其有益。

分页算法涉及以下关键内容。

（1）每页显示的数据量。这也是数据查询时返回记录的最大数，例如每页显示 10 条数据。

（2）总数据量。数据库中需要显示的数据总数量。

（3）总页数。总数据量除以每页显示的数据量向上取整的结果。

（4）数据查询时的起始位置。由要显示的当前页码数减 1 后再乘每页显示的数据量计算得到。

在开发 Web 应用时，前端页面会设计包含分页控件的界面，分页控件一般是按钮或者链接。这些控件可以显示数字页码、上一页、下一页等选项。当用户单击分页控件时，前端会向后端服务器发送一个请求，其中包含当前页码和每页显示的数据量等信息。服务器接收到请求后，会根据这些信息计算数据库查询的起始位置，并使用 SQL 查询语句结合 LIMIT 和 OFFSET 关键字从数据库中检索相应的数据。

在 MySQL 中，最简单的分页方法是使用 LIMIT 和 OFFSET 来直接跳过一定数量的行并返回后续的行。其语法结构如下。

```
SELECT * FROM table_name LIMIT offset, size;
```

或者如下。

```
SELECT * FROM table_name LIMIT size OFFSET offset;
```

page_index.php 实现了带分页的主页面，代码如下。

```php
<?php
require_once("./const.php");
session_start();
?>


<!DOCTYPE html>
<html lang="en">

<head>
    <meta charset="utf-8">
    <meta name="viewport" content="width=device-width, initial-scale=1, shrink-to-fit=no">
    <base href="<?= BASE_URI ?>">

    <link rel="stylesheet" href="https://cdn.jsdelivr.net/npm/bootstrap@4.6.1/dist/css/bootstrap.min.css">
    <link rel="stylesheet" href="https://cdn.jsdelivr.net/npm/bootstrap-icons@1.7.2/font/bootstrap-icons.css">

    <title>首页</title>
</head>
```

```
<body>
    <h1 class="text-center my-5">中国文化</h1>
    <div class="position-absolute" style="right:10px;top:20px;">
        <?php
        if (!isset($_SESSION["username"])) {
        ?>
            <a href="./login.php">登录</a>
        <?php
        } else {
        ?>
            <a href="./modify_pwd.php">修改密码</a>
            <a href="./logout.php">退出</a>
        <?php
        } //end if-else
        ?>
    </div>
    <div class="container">
        <div class="card-columns">
            <?php
            $mysql = new mysqli(HOST, USERNAME, PASSWORD, DB);
            $page = $_GET["page"] ?? 1;
            $size = $_GET["size"] ?? 5;
            $offset = ($page - 1) * $size;
            $ps = $mysql->prepare("SELECT * FROM t_category LIMIT ? OFFSET ?;");
            $ps->bind_param("ii", $size, $offset);
            $ps->execute();
            $result = $ps->get_result();

            while ($obj = $result->fetch_object()) :
            ?>
                <div class="card">
                    <div class="row">
                        <div class="col-4 d-flex align-items-center">
                            <a href="#">
                                <img src="<?= $obj->cate_logo ?>" class="img-fluid">
                            </a>
                        </div>
                        <div class="col">
                            <blockquote class="blockquote mb-0 card-body">
                                <p class="text-center"><?= $obj->cate_name ?></p>
                                <footer class="blockquote-footer">
                                    <small class="text-muted">
                                        <?= $obj->cate_describe ?>
                                    </small>
                                    <?php
                                    if (isset($_SESSION["role"]) && $_SESSION["role"] === "admin") :
                                    ?>
                                        <div class="btn-group btn-group-sm d-block text-right mt-2">
                                            <a href="./category_edit.php?cate_id=<?= $obj->cate_id ?>" class="btn btn-outline-primary">编辑</a><a href="./category_del_serve.php?cate_id=<?= $obj->cate_id ?>" class="btn btn-outline-danger">删除</a>
```

```
                                    </div>
                                <?php
                                endif; //end if
                                ?>
                            </footer>
                        </blockquote>
                    </div>
                </div>
            </div>
        <?php
        endwhile; //end while

        $total = $mysql->query("SELECT COUNT(*) FROM t_category")->fetch_
row()[0];

        $total_page = ceil($total / $size);
        $result->free_result();
        $mysql->close();
        ?>
        <?php
        if (isset($_SESSION["role"]) && $_SESSION["role"] === "admin") :
        ?>
            <div class="card">
                <div class="row">
                    <div class="col d-flex align-items-center justify-content-
center p-3">
                        <a class="h1" href="./category_add.php">
                            <i class="bi-plus-square-dotted text-dark"></i>
                        </a>
                    </div>
                </div>
            </div>
        <?php
        endif; //end if
        ?>
        </div>
        <nav>
        <ul class="pagination pagination-sm justify-content-center">
            <?php
            foreach (range(1, $total_page) as $n) :
            ?>
                <li class="page-item <?= $page == $n ? 'active' : '' ?>">
                    <a class="page-link" href="index.php?page=<?= $n ?>&size=<?=
$size ?>"><?= $n ?></a>
                </li>
            <?php endforeach; ?>

        </ul>
        </nav>
    </div>
</body>

</html>
```

通过添加功能加入一定数量的文化分类信息后，带分页的主页面运行结果如图 7-4 所示。

图 7-4　带分页的主页面运行结果

单击分页超链接后的运行结果如图 7-5 所示。

图 7-5　单击分页超链接后的运行结果

下面的代码从 GET 请求中获取要查询的起始页 page 和分页大小 size，并根据分页公式计算偏移量 offset，然后执行带有分页参数的查询语句。

```php
$page = $_GET["page"] ?? 1;
$size = $_GET["size"] ?? 5;
$offset = ($page - 1) * $size;
$ps = $mysql->prepare("SELECT * FROM t_category LIMIT ? OFFSET ?;");
$ps->bind_param("ii", $size, $offset);
```

下面的代码通过查询数据库获取总记录数，并计算在指定的分页大小下总的页数 total_page。

```php
$total = $mysql->query("SELECT COUNT(*) FROM t_category")->fetch_row()[0];
$total_page = ceil($total / $size);
```

下面的代码生成一个分页器，其中包含多个页码超链接，用户可以通过单击页码超链接来切换到不同的页面。在<li>标签中使用三元运算符来判断当前页码是否为活动状态，如果是，则将 active 类添加到<li>标签中，否则不添加。在<a>标签中，href 属性的值包含两个参数 page 和 size，分别表示页码和每页显示的数据量。

```
<ul class="pagination pagination-sm justify-content-center">
<?php
foreach (range(1, $total_page) as $n) :
?>
    <li class="page-item <?= $page == $n ? 'active' : '' ?>">
        <a class="page-link" href="index.php?page=<?= $n ?>&size=<?= $size ?>">
            <?= $n ?>
        </a>
    </li>
<?php endforeach; ?>
</ul>
```

在实际应用中，可能需要结合索引、查询优化和数据库设计来实现高效的分页查询。不同的分页方法适用于不同的情况，如何选择合适的方法取决于数据量、索引情况以及业务需求等。

项目小结

本项目通过开发中国文化墙应用，较为全面和系统地讲解了 PHP 实际项目开发中的重要内容。

（1）前期设计：详细展示了主页面设计、编辑页面设计和数据库表结构设计等的过程，这在项目开发之初是非常关键的工作。

（2）功能实现：逐一讲解了浏览功能、添加功能、删除功能、编辑功能等核心业务功能的 PHP 代码实现，既涵盖了页面展示，也讲解了服务器端的业务逻辑处理。

（3）权限控制：讲解了使用会话机制实现登录授权和访问控制，编写实现登录功能、退出功能、访问拦截功能等的代码，确保网站安全可靠。

（4）数据库交互：展示了使用面向对象的 mysqli 扩展实现数据库的连接、查询语句准备、参数绑定、执行等的过程，涉及常见的增、删、改、查操作。

（5）分页处理：讲解了如何实现基于 LIMIT 和 OFFSET 的数据库分页查询。

通过对本项目的学习，读者可掌握 PHP 各项知识在开发中的运用技巧，为开发更复杂的项目打下坚实的基础。

课后习题

一、单选题

1. 使用（　　）可以简化静态网页开发。
   A. Bootstrap　　　　B. MySQL　　　　C. Apache　　　　D. PHP
2. 使用（　　）可以实现 PHP 与 MySQL 数据库的交互。
   A. Bootstrap　　　　B. mysqli 扩展　　　C. Apache　　　　D. HTML
3. 为了将用户登录信息存入会话，需要使用（　　）函数开启会话。
   A. sesstion_start()　　　　　　　　　B. session_destroy()
   C. close()　　　　　　　　　　　　　D. header()
4. 使用（　　）函数可以销毁会话。
   A. sesstion_start()　　　　　　　　　B. session_destroy()

C. close()　　　　　　　　　　　　　　　D. header()

5. 使用（　　　）函数可以跳转到主页面。

A. sesstion_start()　　　　　　　　　　B. session_destroy()

C. close()　　　　　　　　　　　　　　D. header()

二、填空题

1. 对于通过 GET 方式发送到 PHP 的数据，一般使用预定义变量＿＿＿＿＿＿获取数据。

2. 用户登录后的信息存放在＿＿＿＿＿＿中，以便在需要进行登录判断的时候使用。

3. 用来发送敏感信息的表单应该以＿＿＿＿＿＿方式提交。

4. 通过＿＿＿＿＿＿函数可以设置响应头信息。

5. 文件上传时，使用＿＿＿＿＿＿函数可以将上传的临时文件移动到指定位置。